KB060824

처음 시작하는 이끼 인테리어

이끼 테라리움부터 이끼볼, 이끼 분재까지

이시코 히데사쿠 지음 | 방현희 옮김

시그마북스
Sigma Books

Contents

Chapter 1
처음 시작하는 **이끼 테라리움**

Chapter 2
처음 시작하는 **이끼볼**

Chapter
3

처음 시작하는 이끼 **분재**, 이끼 **아쿠아 테라리움**

Chapter
4

이끼 인테리어 **응용편**

- 이 책에서 소개하는 이끼의 명칭은 일반적으로 유통되는 명칭입니다. 정식 명칭과는 다를 수도 있습니다.
- 물주기 등의 빈도는 대략적인 횟수입니다. 기온, 습도에 따라 달라질 수 있으므로 각 작품의 건조한 정도에 따라 조절해주세요.
- Chapter 1~4에서는 이끼 인테리어를 **키우기 쉬운 정도, 만들기 쉬운 정도**를 ★표로 소개하고 있으며, 계절이나 지역, 환경에 따라 다를 수 있습니다.
  키우기 쉬움: ★★★(키우기 쉽다), ★★(다소 키우기 쉽다), ★(약간 키우기 어렵다)
  만들기 쉬움: ★★★(만들기 쉽다), ★★(다소 만들기 쉽다), ★(약간 만들기 어렵다)
- 국립, 도립 공원 내의 특별 보호 지역에서는 식물 채취가 금지되어 있습니다. 또한, 사유지에서 무단으로 이끼를 채취하거나, 자연의 이끼를 뿌리째 채취하는 행위는 절대 하지 마세요.

들어가며

이끼는 집 주변에서도 자라는 아주 작은 식물입니다. 좋아하는 유리 용기에 넣어서 즐기는 이끼 테라리움은 실내에 장식해 놓기에 제격입니다. 손바닥만 한 크기로 손쉽게 시작할 수 있으므로 식물을 처음 키우는 분에게 추천합니다. 지금까지 이끼 테라리움 책을 2권 출판했는데, 좀 더 폭넓게 이끼를 키우는 매력을 알려주고 싶다는 생각에 이번에 새롭게 이끼볼과 이끼 분재에도 도전했습니다. 도심 속 베란다에서 실험을 거듭하며 이끼 키우는 방법과 적합한 이끼의 종류를 찾아내어 소개할 수 있게 되었습니다. 이 책에서는 이끼를 이용한 작품을 '이끼 인테리어'로 소개합니다.

솔직히 이끼볼이나 이끼 분재는 이끼를 키우기에는 약간 어려운 방법입니다. 베란다나 정원에 이끼에게 좋은 환경을 만들어주고, 물을 주는 수고로움을 즐길 수 있다면 아름다운 이끼를 키울 수 있습니다. 또한, 테라리움으로 키우기 어려운 종류의 이끼를 키울 수 있는 것도 실외 재배의 매력 중 하나입니다. 이끼볼이나 이끼 분재를 꼭 실내에서 키우고 싶은 경우에는 테라리움으로 키우는 방법도 있습니다.

이끼 인테리어라고 하면 소품 같은 것을 생각할 수도 있겠지만, 만들고 완성해 장식하면 끝나는 것이 아닌, 키우는 즐거움을 느끼는 것이 가장 중요하다고 생각합니다. 멋진 작품을 만든 후에 이끼가 싱그럽게 자라고 변하는 과정을 즐겼으면 합니다.

이 책에서도 이끼를 즐기는 다양한 방법을 소개하고 있지만, 꼭 이렇게 해야 한다고 정해진 것은 아닙니다. 여러분의 생활 속에 이끼를 들여올 때 도움이 되었으면 하는 바랍니다.

미치쿠사 **이시코 히데사쿠**

산과 숲, **자연은** 언제나 그곳에서
우리의 **마음을 치유해주지요.**
초록빛 식물과 함께 지내면 얼마나 기분이 좋을까요.
하지만 식물을 키우는 일은
어렵게만 느껴지지요.

괜찮아요, **이끼**라면!
방 안에서도.

베란다나

작은 마당에서도.

자! 그럼 즐겁고,
자유롭게.

이끼 인테리어를 시작해볼까요!

이끼 이해하기

전 세계에는 18,000여 종, 한국에는 1,000여 종, 일본에는 1,700종 이상이 있다고 알려진 이끼.
다른 식물과 무엇이 다른지, 어떤 특징이 있는지 알아두면 이끼 작품을 만드는 데에도 도움이 됩니다.

이끼는 어떤 식물일까?

이끼 식물에는 잎과 줄기는 있지만, 일반적인 식물처럼 물과 양분을 흡수하기 위한 뿌리나 관다발은 없습니다. 물과 양분이 잎과 줄기로 직접 세포에 흡수됩니다. 뿌리 대신 헛뿌리라는 기관이 있으며, 이 헛뿌리를 이용해 돌이나 나무에 몸을 고정합니다. 이끼 식물은 크게 세 가지로 나뉘며 선류(蘚類), 태류(苔類), 각태류(角苔類)로 분류합니다. 그 중에서 주로 원예용으로 키우는 것은 선류에 속하는 종류입니다. 선류 중에도 직립성 이끼와 포복성 이끼가 있으며, 각각의 특징을 살려서 작품 만들기를 즐길 수 있습니다.

일반적인 식물은 뿌리로 수분을 흡수한다

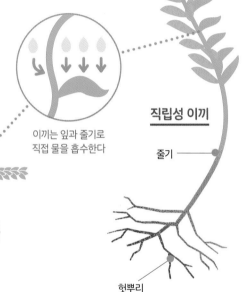

이끼는 잎과 줄기로 직접 물을 흡수한다

포복성 이끼

잎

헛뿌리

줄기

직립성 이끼

줄기

잎

헛뿌리

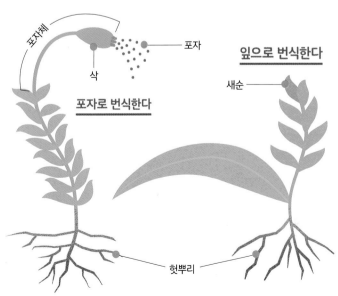

포자체

포자

삭

포자로 번식한다

잎으로 번식한다

새순

헛뿌리

이끼는 어떻게 번식할까?

이끼의 번식 방법에는 수그루의 정자가 암그루의 난자에 수정되어 만들어진 포자로 번식하는 유성생식과 무성아나 잘린 잎, 줄기에서 클론을 만들어 번식하는 무성생식이 있습니다. 포자가 생성되는 계절은 이끼의 종류에 따라 다르며, 봄과 가을에 생성되는 종류가 비교적 많습니다(※). 잘린 잎이나 줄기에서 재생되는 능력을 이용해 이끼를 번식시키는 방법으로 '이끼 뿌리기'가 있습니다(46쪽). 이끼 뿌리기를 이용하면 계절에 상관없이 이끼를 번식시킬 수 있습니다.

※ 암수딴그루와 암수한그루의 종류가 있다.

알아두어야 할

이끼 인테리어의 기본

예전에는 원예의 조연 역할이라는 인상이 강했던 이끼. 최근에는 이끼 자체를 주연으로 만든 작품이 늘고 있습니다. 각각의 작품에 알맞은 도구와 재료를 선택하는 것이 중요합니다. 기본 관리 방법도 익혀두세요.

여러 가지 이끼 인테리어

실내에서 관리할 수 있고 손쉽게 기를 수 있는 이끼 테라리움 이외에도 실외 관리가 기본인 이끼볼이나 이끼 분재 등 다양한 종류의 작품이 있습니다.

이끼 테라리움

유리 용기 안에서 습도를 유지하며 이끼를 키우는 방법. 실내에서 이끼를 즐기고 싶은 경우에 추천하는 재배 방법입니다.

이끼볼

이끼 시트와 용토로 둥글게 모양을 만들어서 제작합니다. 나무나 화초와 조합하거나 매달아서 즐길 수 있습니다.

이끼 분재

분재 화분에 이끼만 심어 키우는 방법. 용기와 이끼의 조합에 따라 다양하게 즐길 수 있습니다.

그 외(아쿠아 테라리움 등)

물속에서 기를 수 있는 종류를 사용하면 아쿠아 테라리움으로 이끼를 즐길 수 있습니다.

필요한 도구

우선 핀셋, 가위, 분무기 등 이끼 인테리어에 필요한 기본적인 도구를 준비하세요. 여기서는 기본 이끼 테라리움(22쪽)에 필요한 도구를 소개합니다.

1 물조리개

이끼에 물을 주거나 제작할 때 용토를 적시는 용도로 사용합니다. 물을 조금씩 더해서 주기 때문에 노즐이 가는 것이 편리합니다.

2 분무기

이끼에 물을 줄 때 사용합니다. 물이 이끼 전체에 뿌려지도록 분무 입자가 고운 것을 고르세요.

3 가위

끝이 가늘고, 이끼를 한 촉씩 자를 수 있는 것이 편리합니다. 스테인리스 소재가 녹이 잘 슬지 않아 추천. 용기의 깊이에 맞추어 긴 것과 짧은 것을 준비하면 사용하기 편리합니다.

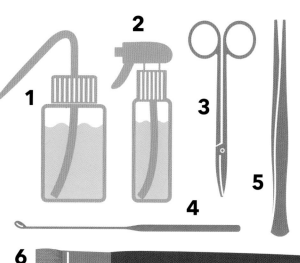

4 막대(가는 시약 스푼)

손가락이 닿지 않는 좁은 공간에서 이끼를 고정할 때 사용합니다. 작은 주걱 모양으로 된 스테인리스 소재의 가는 시약 스푼이 편리하지만, 대꼬챙이나 나무젓가락을 사용해도 됩니다.

5 핀셋

끝이 가늘어서 이끼를 한 촉씩 집을 수 있는 것을 추천합니다. 녹이 잘 슬지 않는 스테인리스 소재를 고르세요. 용기의 깊이에 맞추어 긴 것과 짧은 것을 준비하면 편리합니다.

6 붓

용토나 화장토를 고르게 펼 때 사용합니다. 15호 정도의 그림붓이 편리합니다.

7 스포이트

여분의 물을 빨아낼 때 사용합니다.

필요한 재료

이끼와 용토 이외에도 작품에 맞는 용기,
장식용 돌이나 모래, 화분 배수망 등이 필요합니다.
여기서는 이끼 분재(64쪽)에 필요한 재료를 소개합니다.

1 이끼

테라리움으로 키우기 쉬운 종류, 분재나 이끼볼로 키우기 쉬운 종류가 있으므로 만드는 작품에 적합한 이끼의 종류를 선택하세요. 이끼의 종류 선택 방법은 14~17쪽을 참조.

2 용토

약산성으로 양분이 적고, 물빠짐이 좋은 용토를 사용합니다. 여기서는 적옥토*에 부사사*와 왕겨숯(훈탄)을 각각 10%씩 배합한 것을 사용했습니다. 흙은 재사용하지 말고 새 흙을 사용하세요.

3 장식용 돌과 모래

돌이나 모래를 장식용으로 사용하면 작품 속에서 이끼가 한층 돋보입니다. 분재용 화장토* 이외에도 색 모래를 사용할 수도 있습니다. 이끼를 착생시키고 싶을 때는 화산석 등 다공질(미세한 구멍이 많이 뚫려 있다)의 돌이 좋습니다.

4 용기

분재나 다육식물 재배용 도기 화분을 사용합니다. 물이 잘 빠지고 바닥의 배수 구멍이 큰 것을 고르세요. 초보자도 쉽게 기를 수 있는 손바닥 정도의 크기를 추천합니다. 이보다 작으면 흙이 빨리 말라서 관리하기가 약간 어렵습니다.

5 화분 배수망

화분 바닥에 까는 플라스틱 망. 화분 바닥의 구멍으로 벌레가 침입하는 것을 막기 위해서, 물을 줄 때 용토가 유출되지 않도록 하기 위해서 사용합니다.

* **적옥토(赤玉土)**: 화산재가 축적되어 만들어진 일본 간토 지방의 롬(loam) 층에서 채취한 알갱이 모양의 흙. 배수성·보수성의 균형이 좋아 원예의 기본 흙으로 많이 사용한다.
* **부사사(富士砂)**: 일본 후지산 주변에서 나오는 화산 자갈. 다공질이어서 통기성, 보수성, 배수성이 좋아 뿌리가 썩는 것을 방지할 수 있다.
* **화장토(化粧土)**: 화분의 흙 표면을 꾸미기 위해 사용하는 장식용 흙이나 자갈.

언제 만드는 것이 좋을까?

습도가 높아지기 시작하는 봄부터 초여름이 이끼가 가장 많이 성장하는 계절입니다. 봄에 왕벚나무가 필 즈음에 만들면 굉장히 키우기 쉽습니다. 이끼볼은 여름 전에 이끼가 성장해 헛뿌리가 나온 상태가 되면 건조한 환경에도 강합니다. 봄이 적기이지만, 한여름철의 고온만 피하면 어느 계절에 만들어도 괜찮습니다.

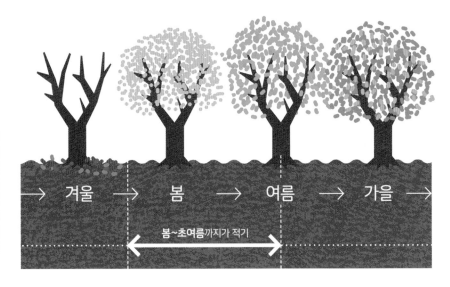

겨울 → 봄 → 여름 → 가을 →

봄~초여름까지가 적기

관리의 기본

MOSS 3 INTRODUCTION

실내에서는 여름철의 더위를 대비하고, 빛을 보충해주는 것이 중요합니다. 실외는 계절에 따라 해가 지는 시간이나 온도, 습도가 달라집니다. 계절별로 물주기나 놓아두는 장소를 조절하세요.

▌Place 놓아두는 장소

10~25℃
(여름철은 30℃ 이하)

이끼 테라리움, 이끼 아쿠아 테라리움은 실내 밝은 곳에 둡니다. 창가는 햇볕이 비치면 용기가 너무 뜨거워질 수 있으니 주의하세요. 10~25℃가 적정 온도이며, 여름철은 가능한 한 30℃ 이하가 되도록 해야 합니다. 이끼 분재나 이끼볼은 실외의 밝은 그늘에 둡니다. 베란다 콘크리트 바닥에 직접 놓으면 열로 인해 물러버릴 수 있으니, 받침대를 이용해 바닥에서 띄워 놓습니다.

▌Light 빛

500~2,000럭스
×
8시간(차광, LED로 조절)

재배에 사용하는 이끼는 500~2,000럭스 정도의 밝기를 좋아합니다. 실내는 의외로 밝지 않으므로 이끼가 빛이 부족한 상태가 되기 쉽습니다. LED 조명을 이용하면 부족한 빛을 보충할 수 있습니다. 하루에 8시간 정도 밝은 상태를 유지하세요. 실외는 오전 9시 정도까지의 아침 해가 들고, 낮에는 그늘이 지는 곳이 최적의 장소입니다. 계절에 따라 놓아두는 장소나 차광을 조절하세요.

▌Watering 물주기

이끼는 늘 젖어 있는 상태보다 적당히 습한, 공기 중의 습도가 높은 상태를 좋아합니다. 이끼 테라리움은 1주일에 한 번 정도 물을 주면 충분합니다. 이끼볼이나 이끼 분재는 매일 신선한 물을 주세요. 단, 이끼 받침에 물이 고이면 이끼가 썩어버리므로 주의해야 합니다. 이끼 아쿠아 테라리움에는 수변에서 자라는 종류의 이끼를 선택하고, 1주일에 한 번 물을 갈아주세요.

▌Care 그 외 손질하기

이끼가 너무 많이 자랐거나 잎끝이 누렇게 변했을 때는 가위로 다듬어 정리해줍니다. 다듬어주면 새순의 성장이 촉진되고 예쁜 상태를 유지할 수 있습니다. 밀폐형 용기로 키우는 이끼 테라리움에서는 공기를 순환시켜주는 환기도 중요한 작업입니다. 하루에 5분 정도 뚜껑을 열고 환기를 시켜주어야 이끼가 건강하게 자랍니다.

MOSS 4 INTRODUCTION

추천
이끼
한눈에 보기

이끼 인테리어에도 이끼 테라리움, 이끼볼, 이끼 분재 등 다양한 종류가 있으며, 적합한 이끼가 다릅니다. 각각의 작품에 추천하는 이끼와 특징 등을 소개합니다.

일러두기

🗃 이끼 테라리움(밀폐형 용기)	◎ 특별히 추천하는 종류
🗄 이끼 테라리움(개방형 용기)	○ 추천하는 종류
🌰 이끼볼	△ 경우에 따라 기를 수 있는 종류
🪴 이끼 분재	✕ 키우기 어려운 종류
🐱 이끼 아쿠아 테라리움	

구하기 쉬운 정도

★ ★ ★ 대형 원예점, 아쿠아리움 전문점, 이끼 전문점, 온라인 쇼핑몰에서 구입 가능

★ ★ 아쿠아리움 전문점, 이끼 전문점, 온라인 쇼핑몰에서 구입 가능

★ 이끼 전문점, 온라인 쇼핑몰에서 구입 가능

---

1 작은흰털이끼

 ◎
 ◎
 △
 ○
🐱 △

봉긋한 모양으로 인기가 있다. 어린잎은 약간 흰빛을 띤다. 튼튼해서 테라리움 초보자에게 추천하는 이끼.

구하기 쉬움
★ ★ ★

---

2 은행이끼

🗃 ✕
🗄 ✕
🌰 ✕
🪴 ✕
🐱 ◎

논 등의 물 위에 떠서 생식한다. 분열하며 번식하고, 겨울철에는 세력이 약해진다.

구하기 쉬움
★ ★

---

3 윌로 모스

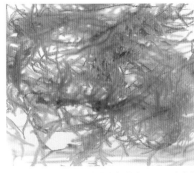

 △
 ○
 △
 △
 ◎

아쿠아리움용으로 많이 알려진 이끼. 수중뿐 아니라 육상에서도 기를 수 있다.

구하기 쉬움
★ ★

---

4 큰흰털이끼

🗃 ◎
🗄 ◎
🌰 ✕
🪴 ○
🐱 ✕

흰털이끼과 중에서 대형 이끼. 전체적으로 흰빛을 띠는 녹색이다. 테라리움에서 키우기 쉽다.

구하기 쉬움
★ ★

---

5 큰잎덩굴초롱이끼

 △
 ◎
 ○
 ○
🐱 ◎

물가에서 자라고, 늘 습한 환경을 좋아한다. 물이 많은 환경에서는 생육이 매우 빠르다.

구하기 쉬움
★ ★

---

6 꽃송이이끼

 △
 △
 ✕
 ✕
 △

꽃처럼 보이는 특징적인 모양이 인기가 있다. 키우기는 약간 어렵고, 성장도 느리다.

구하기 쉬움
★ ★

7 비꼬리이끼

초록빛이 짙으며 부드럽고 우아한 모습이다. 웃자라기 쉬우므로 개방형 용기 또는 이끼 분재로 기른다.

구하기 쉬움
★★

8 은이끼

도로변 등 길가에서 흔히 볼 수 있지만, 재배하기는 매우 어렵다.

구하기 쉬움
★

9 공작이끼

공작이 날개를 펼친 듯한 모습이다. 바위 옆면에 착생해 자라는 경우가 많다.

구하기 쉬움
★

10 나무이끼

일본에 자생하는 이끼 중에 가장 큰 이끼이다. 재배하기는 약간 어렵다.

구하기 쉬움
★★

11 아기들덩굴초롱이끼

봄에 자라는 투명감 있는 잎이 아름답다. 웃자라기 쉬우므로 개방형 용기에 기른다.

구하기 쉬움
★★★

12 꼬리이끼

이름대로 꼬리처럼 보인다. 이끼 중에서는 대형이고, 나무 밑동 같은 곳에서 자란다.

구하기 쉬움
★★

13 깃털이끼

잘게 가지가 갈라진 섬세한 잎이 자수를 놓은 듯이 아름답다. 이끼볼로 키우기에 적합하다.

구하기 쉬움
★★★

14 패랭이우산이끼

뱀 비늘 같은 모양이 특징이다. 늘 습한 환경을 좋아한다.

구하기 쉬움
★

15 모래이끼

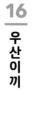

마치 작은 별처럼 보인다. 햇볕이 잘 드는 곳을 좋아하고, 습도가 너무 높으면 손상되기 쉽다.

구하기 쉬움
★ ★ ★

16 우산이끼

생식기가 마치 작은 야자나무처럼 귀엽게 생겼다. 테라리움에서는 키우기 어렵고 분재에 적합하다.

구하기 쉬움
★

17 주름솔이끼

투명한 잎이 아름답다. 성장이 빠르고 잘 번식하지만, 무름에는 약하다.

구하기 쉬움
★ ★

18 구슬이끼

겨울부터 봄까지 성장한다. 부드럽고 연한 녹색이 사랑스러워 인기가 있다. 더위에는 조금 약하다.

구하기 쉬움
★ ★ ★

19 윤이끼

잎 표면에 약간 윤기가 있다. 겨울에는 다소 색이 안 좋아지는 경향이 있다. 이끼볼에 적합하다.

구하기 쉬움
★ ★

20 덩굴초롱이끼

잎에 물결 모양의 주름이 생기는 것이 특징이다. 웃자람 현상이 적어 테라리움에서 키우기에 적합하다.

구하기 쉬움
★ ★

21 쥐꼬리이끼

하나하나가 쥐의 꼬리처럼 보이는 재미있는 모양의 이끼다. 이끼 분재로 키우기 쉽다.

구하기 쉬움
★

22 털깃털이끼

이끼볼용으로 대표적인 이끼. 밝은 그늘을 좋아하고, 실외에서는 키우기 쉬우나, 실내에서 키우기에는 적합하지 않다.

구하기 쉬움
★ ★ ★

23 너구리꼬리이끼

구하기 쉬움
★ ★ ★

일본에서는 편백이끼라고도 불리며, 대형이다. 건조한 환경에 약해 테라리움에 적합하다.

24 넓은잎너구리꼬리이끼

구하기 쉬움
★

너구리꼬리이끼보다 작은 종이다. 헛뿌리가 잘 나오고, 착생시키기에도 적합하다.

25 두깃우산이끼

구하기 쉬움
★

우산이끼와 같은 속이며, 밀폐형 용기에서도 웃자람 현상이 적다. 손가락으로 문지르면 매실 같은 향기가 난다.

26 아기붓이끼

구하기 쉬움
★ ★

벨벳처럼 부드러워 촉감이 좋은 이끼다. 이끼 분재로 키우기 쉽다.

27 봉황이끼

구하기 쉬움
★ ★

상상 속의 새인 봉황의 꽁지깃 같은 모양이다. 늘 습한 환경을 좋아하고, 물속에서 기를 수도 있다.

28 가는흰털이끼

구하기 쉬움
★ ★ ★

성장이 느리고 잔디처럼 보여서 모아심기 테라리움에 사용하기 좋다.

29 털가시잎이끼

구하기 쉬움
★

잎끝의 복슬복슬한 모습을 확대경으로 관찰하고 싶어진다. 늘 습한 환경을 좋아한다.

30 좀벼슬이끼

비늘처럼 보이는 잎과 잎 뒤쪽으로 뻗은 채찍 모양의 가지가 개성적이다.

구하기 쉬움
★

이끼 구하기

이끼는 자연적으로 자라지만, 작품을 만들 때는
여러 가지 이유로 재배된 이끼를 사용하는 것을 추천합니다.
이끼를 선택하는 방법과 구입하는 방법 등을 소개합니다.

이끼를 선택하는 포인트

작품에 적합한 종류를 선택하자

이끼 테라리움, 이끼볼, 이끼 분재, 이끼 아쿠아 테라
리움 각각의 작품에 적합한 종류의 이끼를 선택하는
것이 중요합니다. 분재로는 잘 자라지만 테라리움에
서는 잘 자라지 않는 등 같은 이끼라도 키우는 방법에
따라 달라질 수 있습니다. 또한, 길가 등 집 주변에도
이끼가 있지만 키우기에는 적합하지 않은 종류가 많
고, 옮겨 심어도 잘 자라지 않는 경우가 많습니다. 채
취하는 것보다 어떤 종류인지 알 수 있는 이끼를 구입
하는 것이 안전합니다.

세척한 이끼를 추천!

이끼 테라리움용으로 전문점에서 세척한 이끼
를 판매합니다. 재배된 이끼라도 숲에서 생산
하는 경우 흙이나 낙엽이 많이 붙어 있습니다.
세척하지 않은 이끼를 그대로 심으면 이끼에
붙은 흙이나 낙엽 등에 작은 벌레가 숨어 있어
나중에 문제가 될 수도 있습니다. 직접 물로
깨끗이 씻어서 심으면 문제없지만, 흙이 붙어
있지 않은 세척을 마친 깨끗한 이끼를 구입하
는 것이 번거롭지 않으므로 추천합니다.

재배한 이끼를 사용하는 것이
좋은 이유는?

깨끗한 이끼를 사용하는 것이 실패하지 않는 포인트

시중에 유통되는 이끼에는 이끼 농가가 재배한 '재배 이끼'와 산이나 숲에서 채취한 '자연 채취 이끼'가 있습니다. 자연에서 채취한 이끼에는 벌레나 벌레의 알이 숨어 있을 수 있어, 작품을 만든 후에 문제가 생길 수도 있지요. 재배 이끼는 자연 채취 이끼에 비해 청결하고 곰팡이나 벌레 발생 등의 문제가 적어서 키우기 쉬우므로 이끼 초보자에게 적극 추천합니다.

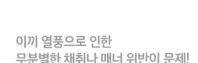

**이끼 열풍으로 인한
무분별한 채취나 매너 위반이 문제!**

최근 이끼 열풍이 불면서 특히 이끼 명소나 도립 공원 내에서 불법으로 이끼를 채취하는 문제가 생기고 있습니다. 온통 이끼로 덮여 있으니 조금은 괜찮을 것이라고 생각할 수도 있지만, 사유지나 보호 지역에서 무단으로 채취하는 것은 위법일 뿐 아니라, 이끼 덩어리의 일부를 채취하면 주변의 이끼까지 고사해버릴 수도 있습니다.

숲속을 산책하다 보면 묘목이 이끼에 둘러싸여 자라는 모습을 볼 수 있습니다. 이끼가 묘목의 성장에 필요한 수분이나 양분을 비축해 마치 요람과 같은 역할을 합니다. 크게 보면 이끼를 잃는 것은 숲의 쇠퇴로도 이어지는 것이지요. 적절한 관리 속에서 재배 번식된 이끼를 사용하고, 숲의 성장을 따뜻한 마음으로 지켜보았으면 합니다.

이끼, 도구, 재료
구입하는 곳

이끼나 도구, 재료는 인터넷 쇼핑몰이나 통신판매 이외에도 원예점이나 균일가 생활용품점 등에서도 판매합니다. 추천하는 구입처를 소개합니다.

대형 원예점

이끼 분재에 사용하는 이끼나 이끼볼에 사용하는 이끼는 대형 원예점을 방문해보세요. 이끼볼에 사용하는 묘목이나 화초를 구입할 수도 있습니다.
테라리움 코너가 있는 원예점이면 테라리움용 이끼나 재료를 대부분 구입할 수 있습니다.

아쿠아리움 전문점

수중이나 수변에 사용하는 이끼는 아쿠아리움 전문점을 방문하면 구입할 수 있습니다. 또한, 육지와 수변 양쪽에서 생식하는 동식물을 다루는 팔루다리움 코너가 있으면 육상에서 자라는 이끼나 이끼 테라리움에 사용하기 좋은 소형 식물도 판매합니다.

이끼 전문점, 인터넷 쇼핑몰

다양한 종류의 이끼를 구입하고 싶다면 이끼 전문점이나 전문점이 운영하는 인터넷 쇼핑몰을 추천합니다. 유리 용기, 용토, 도구 등 이끼 전용 재료를 구입할 수 있습니다. 이끼 생산지나 전문점에서 직접 보내기 때문에 신선한 이끼를 받을 수 있는 것도 장점입니다.

균일가 생활용품점, 잡화점

균일가 생활용품점이나 잡화점에는 유리 용기나 작품을 제작할 때 재료가 되는 저렴한 제품이 많습니다. 전문점에는 없는 독창적인 제품도 발견할 수 있습니다. 작품의 아이디어를 얻기 위해 방문해보는 것도 좋습니다.

미니어처 전문점

이끼 테라리움에 사용하는 피규어나 오브제를 찾는다면 미니어처 전문점을 추천합니다. 집 근처에 없다면 미니어처 전문점이 운영하는 인터넷 쇼핑몰도 있으니 검색해보세요.

Chapter 1 MOSS TERRARIUM

이끼

처음 시작하는 이끼 테라리움

실내에서 손쉽게 이끼를 기를 수 있는 '이끼 테라리움'.
가까이에서 이끼가 성장하는 모습을 즐길 수 있는 것이 매력입니다.
물을 자주 주지 않아도 되고, 관리도 쉬우므로 이끼 인테리어를 처음 시작할 때 추천합니다.
다양한 이끼의 조합, 재료의 소재나 용기에 따라 작품의 분위기를 자유자재로 바꿀 수 있습니다.

기본
이끼 테라리움

유리 용기에 이끼를 심어 실내에 '작은 이끼 숲'을 재현할 수 있는 것이 '이끼 테라리움'입니다.
글을 읽을 수 있는 정도의 빛만 있으면 손쉽게 이끼를 기를 수 있습니다.
뚜껑이 있는 밀폐형 용기를 선택하면 초보자도 관리하기 쉬우므로 추천합니다.

작은흰털이끼

밀폐형 용기

가로: 8cm
세로: 8cm
높이: 7cm

키우기 쉬움
★★★

만들기 쉬움
★★★

제작 시간
20분

먼저 밀폐형 용기로 만들어보자

유리 소재의 뚜껑이 있는 용기에 테라리움에 적합한 이끼를 심어보세요. 물은 2~3주에 한 번 분무기로 뿌려주면 됩니다. 초보자는 작은흰털이끼, 가는흰털이끼, 너구리꼬리이끼, 봉황이끼가 키우기 쉬우므로 특히 추천합니다(14쪽 참조).

▌Supplies 재료

1 작은흰털이끼
봉긋한 모양으로 자라고, 튼튼해서 키우기 쉽다. 성장이 느리므로 용기가 작더라도 오래 즐길 수 있다. 성장을 시작한 어린 잎은 흰빛을 띠는 녹색이다.

2 용토
적옥토에 부사사와 왕겨숯(훈탄)을 각각 10%씩 배합한 흙이 이끼에게 가장 좋다. 이끼 전용 흙도 있다. 흙은 재사용하지 말고 새 흙을 사용한다. 테라리움용으로 배합된 용토도 판매한다.

3 용기
유리 소재의 뚜껑이 있는 용기. 고무 패킹이 있는 것은 과도하게 밀폐되므로 유리나 코르크 뚜껑이 있는 용기를 고른다. 8~10cm 정도의 용기가 키우기 쉬우므로 초보자에게 추천한다.

▌Tools 도구

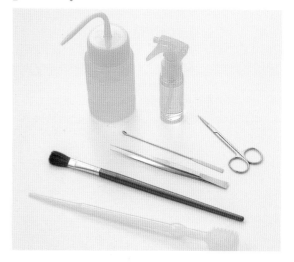

1 핀셋
곧고 끝이 가는 스테인리스 소재를 추천한다. 사용 후에는 이물질을 제거해 깨끗하게 관리한다.

2 가위
곧고 끝이 가는 스테인리스 소재를 추천한다. 눈썹 가위로 대체할 수 있다. 사용 후에는 깨끗하게 닦아 기름을 살짝 발라둔다.

3 분무기
테라리움을 제작할 때 이외에도 이끼에 물을 줄 때 사용한다. 미세하게 분무되는 것을 고르는 것이 좋다.

그 밖의 편리한 도구
- - - - - - - - - - - -

1 물조리개
용토에 전체적으로 물을 줄 때 편리하다.

2 붓 / 막대 / 스포이트
용토를 고르게 펴거나 여분의 물을 빨아낼 때 편리하다.

기본 만드는 방법

용토나 이끼 준비, 심는 방법 등은 대부분의 테라리움 만들기에 공통으로 적용됩니다.
재료로 사용할 이끼는 건강하고 깨끗한 것을 고르세요.

이끼와 용토를 준비한다

이끼 뒤쪽 갈색 부분의 이물질(마른 가지나 낙엽 등)을 핀셋으로 제거한다. 흙이 붙어 있으면 물로 씻는다. 곰팡이나 벌레가 생기는 원인이 되므로 꼼꼼히 제거한다.

용기에 용토를 2cm 정도 깊이까지 넣는다. 용토 전체가 젖을 때까지 물을 뿌린다.

이끼를 집을 수 있는 크기로 자른다

이끼 덩어리를 손가락으로 잡고 핀셋으로 집을 수 있는 크기로 조심히 떼어낸다. 덩어리째 심지 않고 조금씩 심는 것이 테라리움을 예쁘게 만드는 포인트다.

이끼 뒤쪽의 갈색 부분은 용토에 묻히는 부분 1~2cm 정도를 남기고 가위로 잘라 제거한다.

이끼를 집어서 심는다

이끼의 녹색 부분을 위쪽에서 핀셋으로 단단히 집는다. 이끼가 눌러도 괜찮으므로 단단히 집는 것이 포인트다.

용토 바로 위에서 핀셋을 한 번에 꽂고, 이끼를 손가락이나 막대(가는 시약 스푼)로 살짝 누르고 핀셋을 빼낸다. 이때 핀셋을 너무 벌리지 않는 것이 포인트다. 같은 작업을 반복한다.

용기 옆면에 이끼가 바짝 붙어 비좁아 보이지 않도록 1cm 정도의 여유를 두고 전체적으로 균형감 있게 심는다.

관리 포인트

놓아두는 장소는 글을 읽을 수 있는 정도의 빛이 있고, 직사광선이 비치지 않는 곳을 선택합니다.
또한, 이끼는 더위에 약하므로 실내 온도는 30℃를 넘지 않도록 하세요.

▌Point 물주기

2~3주에 한 번 정도 분무기로 이끼 전체가 젖도록 물을 준다. 흙이 마르면 흙까지 젖도록 물조리개를 사용해 물을 더해준다. 물을 너무 많이 넣었을 때는 스포이트 등으로 빨아낸다.

▌Point 환기

물을 줄 때 이외는 뚜껑을 닫아두어도 괜찮지만, 하루에 한 번 5분 정도 뚜껑을 열어 환기를 시켜주면 이끼가 더욱 튼튼하게 자란다.

▌Point 다양한 장식 방법

이끼는 종류에 따라 모양이나 성장 방법이 제각기 다릅니다.
용기에 따라서도 분위기가 전혀 달라지니 마음에 드는 용기로 만들어보세요.

비꼬리이끼

이끼 하나하나의 모습을 관찰할 수 있도록 빽빽하지 않게 심는다. 길쭉하게 웃자라기(연약하게 가늘고 길게 자라는 것) 쉽지만 매일 환기를 시켜주면 통통하게 예쁜 모양으로 자란다.

덩굴초롱이끼

잎이 투명감 있고, 땅 위를 기듯이 자라는 덩굴초롱이끼. 옆으로 퍼져나가며 성장하므로 공간을 많이 남겨두고 심는다. 돌을 더해주면 돌 위로 기어오르듯이 자라는 모습을 즐길 수 있다.

밀폐형 용기 개방형 용기
이끼 테라리움

초보자도 키우기 쉬운 밀폐형 용기 이외에 공기가 통하는 개방형 용기도 추천합니다.
개방형 용기를 사용하면 자연에 더욱 가까운 모습으로 이끼를 기를 수 있습니다.
용기의 밀폐성에 적합한 만들기와 관리 포인트를 소개합니다.

밀폐형 용기

지름: 8cm
높이: 11cm

개방형 용기

지름: 9cm
높이: 9cm

키우기 쉬움
★ ★ ★

만들기 쉬움
★ ★ ★ (밀폐형)
★ ★ ★ (개방형)

제작 시간
각 **20**분

밀폐형
용기

개방형
용기

너구리꼬리이끼

덩굴초롱이끼

밀폐형 **포인트**

수분 증발이 적어서 물을 자주 주지 않아도 되는 것이 밀폐형 용기의 장점입니다. 특히 에어컨을 사용하는 실내 등 건조한 장소에 추천합니다. 이끼를 건강하게 자라게 하기 위해서는 가끔 환기를 시켜주면 좋습니다. 밀폐형 용기에 적합한 종류의 이끼를 선택하세요.

웃자란
너구리
꼬리이끼

▌Point 물주기

2~3주에 한 번 정도 분무기로 이끼 전체가 젖도록 물을 준다. 용기의 밀폐 정도에 따라 물주기의 횟수를 조절한다. 물을 너무 많이 주었다면 스포이트로 빨아낸다.

▌Point 환기

밀폐형 용기의 경우 이끼가 웃자라는 경향이 있다. 하루에 5분 정도 뚜껑을 열어 환기를 시켜주면 이끼가 굵고 튼튼하게 자란다.

개방형 **포인트**

뚜껑과 용기 사이에 틈이 있는 개방형. 공기가 순환되므로 밀폐형 용기에 비해 이끼의 웃자람 현상이 적은 장점이 있습니다. 다소 건조해지기 쉬우므로 물을 주는 시기에 주의하세요.

▌Point 물주기

이끼가 마른 정도를 보면서 1주일에 한 번을 기준으로 물을 준다. 계절에 따라 마르는 정도가 다르므로 물주기를 조절한다. 특히 에어컨을 사용할 때는 건조에 주의한다.

흙이 많이 마른 상태이면 물조리개로 물을 더해준다. 흙이 전제적으로 젖을 때까지 준다. 물을 너무 많이 주었다면 스포이트로 빨아낸다.

다양한 용기로
이끼 테라리움 즐기기

테라리움용 용기에는 심플한 것 이외에도 다양한 디자인이 있습니다.
이끼의 매력을 돋보이게 해주는
용기 고르는 방법과 만들기의 포인트를 소개합니다.

밀폐형 용기

시험관 모양
지름: 4cm
높이: 13cm

키우기 쉬움
★★

만들기 쉬움
★★

제작 시간
30분

너구리꼬리이끼　　봉황이끼　　비꼬리이끼　　구슬이끼

시험관 모양 용기의 **포인트**

이끼의 상태를 알기 쉬운 시험관 모양 용기. 다양한 종류의 이끼를 심어 표본처럼 나란히 장식하거나 컬렉션처럼 모으는 것도 재미있지요! 시험관대에 나란히 꽂아놓으면 마치 실험실에서 실험을 하는 것 같아요.

▌**Point** 환기

시험관처럼 세로로 긴 용기는 키가 크게 자라는 이끼나 옆에서 보는 모습이 예쁜 종류가 더욱 돋보이므로 추천한다. 용기가 작으므로 너무 빽빽해지지 않도록 주의한다.

크기가 작고 밀폐되는 용기는 이끼가 더욱 웃자라기 쉬우므로 가끔 환기를 시켜준다(하루에 5분 정도가 기준).

밀폐형 용기

개방형 용기

달걀 모양
지름: 8cm
높이: 13cm

무화과 모양
지름: 10cm
높이: 15cm

공 모양
지름: 7cm
높이: 7cm

삼각 플라스크 모양
지름: 8cm
높이: 13cm

샬레 모양
지름: 10cm
높이: 6cm

상자 모양
가로: 8cm
세로: 8cm
높이: 7cm

키우기 쉬움
★★~★★★★

만들기 쉬움
★★~★★★★

제작 시간
각 10분 ~ 30분

넓은잎너구리꼬리이끼

구슬이끼

아기들덩굴초롱이끼

비꼬리이끼

가는흰털이끼

큰흰털이끼

다양한 용기 포인트

다양한 모양의 용기로 테라리움을 만들 때는 용기의 디자인이나 특성에 맞는 이끼를 선택하고, 만드는 것이 중요합니다. 용기에 따라 작품의 분위기가 전혀 달라지니 마음에 드는 용기를 찾아서 즐겨보세요.

▌Point 만들기

샬레 모양처럼 낮은 용기에는 가는흰털이끼나 구슬이끼처럼 봉긋하게 자라는 종류의 이끼를 심는 것이 좋다.

입구가 좁으면 조금 어렵다

입구가 좁은 용기는 심기 어려우므로 초보자에게는 입구가 넓은 용기를 추천한다.

4종 모아심기
이끼 테라리움

키가 크고, 작고, 땅 위를 기는 등
각기 다른 모양의 이끼를 조합해 모아심기를 해보세요.
용기 안에서 이끼 숲의 풍경이 펼쳐집니다.
여러 가지 이끼를 조합하면 이끼의 자생지 같은 풍경이나
미니어처 같은 작품을 만들 수 있습니다.

밀폐형 용기

가로: 10cm
세로: 10cm
높이: 8cm

키우기 쉬움
★★★

만들기 쉬움
★★

제작 시간
60분

너구리꼬리이끼

봉황이끼

가는흰털이끼

야기들덩굴초롱이끼

모아심기 포인트

이끼 풍경을 재현하는 디자인에서는 강조와 균형이 중요합니다. 이끼가 성장하는 수개월 후의 모습을 상상하며 심어보세요.
테라리움에 적합한 이끼를 선택하면 여러 가지 종류를 모아 심어도 관리 방법은 기본과 같습니다.

디자인 포인트

여러 가지 종류의 이끼를 조합하기 위해서는 아래의 4가지 포인트에 유의하세요.
강약이 있어 한층 더 돋보이고, 자연의 풍경처럼 성장하는 모습도 즐길 수 있습니다.

① 개성을 살린다
키가 크고, 키가 작고, 옆으로 기듯이 뻗어
나가는 등 형태가 다른 이끼를 사용한다.

② 효과적인 강약 조절
강조점이 될 종류(키가 크게 자라
거나 모양의 특징이 있는 등)를
2~3군데에 나누어 배치한다.

③ 너무 빽빽하지 않게 심는다
이끼가 자랄 공간을 남겨두고 배치하면
자란 후에도 멋진 작품이 된다.

④ 균형을 생각한다
전체적으로 균형이 잡히도록
키가 작은 이끼, 옆으로
기는 형태의 이끼를 배치한다.

돌과 모래를 사용한 이끼 테라리움

배치할 때 다양한 종류의
돌이나 모래를 사용하면
이끼 풍경의 느낌이 전혀 달라집니다.
깊이감이나 높이감을 연출할 수 있는
디자인과 만들기의 포인트를 소개합니다.

꼬리이끼

비꼬리이끼

덩굴초롱이끼

가는흰털이끼

너구리꼬리이끼

밀폐형 용기

지름: 10cm
높이: 12cm

키우기 쉬움
★ ★ ★

만들기 쉬움
★ ★

제작 시간
60분

높이감이 있는 테라리움

용토를 비스듬히 넣으면 경사가 있는 역동적인 풍경을 재현할 수 있습니다. 이끼가 자란 작은 절벽을 떠올리며 만들어보세요.
돌을 바위라고 생각하고 배치한 다음 이끼를 심어줍니다.

▌Point 만들기

용토를 비스듬히 넣을 때는 한꺼번에 넣지 말고 물로 적셔가며 단계
적으로 넣으면 경사가 잘 무너지지 않는다. 용기를 기울여 작업하면
경사를 만들기 쉽다.

용토에 파묻듯이 돌을 배치하고 앞쪽에 모래를 깐다. 이끼는 경사의
아래쪽부터 심어나간다. 높이감과 깊이감이 있는 작품 완성.

꼬리이끼

너구리꼬리이끼

주름솔이끼

구슬이끼

가는흰털이끼

개방형 용기

지름: 11cm
높이: 11cm

키우기 쉬움
★ ★ ★

만들기 쉬움
★ ★

제작 시간
60분

길이 있는 테라리움

색감이 다른 2종류의 모래를 사용해 길을 표현합니다. 이끼 오솔길이 끝없이 이어지는 듯한 경치를 생각하며 만들어보세요.
이끼를 심기 전에 모래를 배치하면 예쁘게 완성할 수 있습니다.

▍**Point 만들기**

수조 바닥용 모래로 사용하는 파우더 샌드로 자연스러운 길을 만들고, 좋아하는 돌을 좌우로 배치한다. 길 양옆에 화산 자갈을 잘게 부수어 만든 부사사를 깔아주면 깔끔한 인상을 준다.

부사사

파우더 샌드

길은 앞쪽은 넓고 뒤쪽이 좁아지도록 모래로 표현하면, 원근법 효과로 깊이감이 더해진다. 모래와 돌로 풍경의 토대를 만든 후에 이끼를 심는다.

MOSS
TERRARIUM

Part
6

피규어로
즐기기

피규어를 사용하면
다양한 장면의 작품을
만들 수 있어서 선물이나
기념품으로 안성맞춤입니다.
자유로운 발상으로
자신만의 독창적인 작품을
만들어보세요.

작품명

이끼 숲 결혼식

싱그러운 신록 속에서의 결혼식을 그려보았
습니다. 미래로 가는 길은 맑고 깨끗한 흰색
모래로 표현했습니다. 신랑 신부에게 이끼가
낄 때까지 행복하길 바라는 마음을 담아….

꼬리이끼

비꼬리이끼

가는흰털이끼

밀폐형 용기

지름: 10cm
높이: 10cm

키우기 쉬움
★★★

만들기 쉬움
★★

제작 시간
60분

작품명

동화 나라의 집

동화의 세계에서 나온 듯한 숲속의 작
은 집. 건물과 모래의 색조를 맞추어
자연스럽게 어우러지는 분위기로 연
출했습니다. 이끼의 숲 요정이 사는 집
을 상상하며 만들어보세요.

밀폐형 용기

지름: 7cm
높이: 8cm

키우기 쉬움
★★★

만들기 쉬움
★★

제작 시간
40분

너구리꼬리이끼

가는흰털이끼

구슬이끼

■ **Point** 만들기

피규어 아래쪽에 플라스틱이나 스테인리스 소재의
못을 붙여두면 배치할 때 수월하다. 철제 못은 녹이
슬기 쉬우므로 사용하지 않는다. 또한, 목제나 지점
토 등 굳지 않은 점토 소재의 피규어는 곰팡이의 원
인이 되므로 사용하지 않는다.

목장의 아침

싱그러운 이끼를 목초지로 표현한 작품입니다. 초원에서 한가로이 있는 소들을 보면 마음이 편안해집니다. 이끼 목초는 맛있을까요?

개방형 용기

지름: 12cm
높이: 12cm

키우기 쉬움
★★★

만들기 쉬움
★★

제작 시간
60분

구슬이끼

비꼬리이끼

가는흰털이끼

등산가들

우뚝 솟은 바위산에 도전하는 암벽 등반가들. 돌을 선택하기에 따라 분위기가 전혀 달라집니다.

개방형 용기

가로: 10cm
세로: 10cm
높이: 10cm

키우기 쉬움
★★

만들기 쉬움
★★

제작 시간
60분

가는흰털이끼

너구리꼬리이끼

작은흰털이끼

넓은잎너구리꼬리이끼

주름솔이끼

천 개의 도리이

일본 후시미이나리 신사에 있는 천 개의 도리이를 생각하며 만들었습니다. 초록빛 이끼에 새빨간 도리이가 대비를 이루어 신비한 분위기를 자아냅니다.

개방형 용기

가로: 20cm
세로: 10cm
높이: 10cm

키우기 쉬움
★★

만들기 쉬움
★★

제작 시간
90분

구슬이끼

균일가
생활용품점
이용하기

전문점이나 온라인 쇼핑몰 이외에도
집 근처의 균일가 생활용품점에도
테라리움에 활용할 수 있는 것이 많습니다.
용기나 피규어 등 유용하게 활용해보세요.

작품명
이끼 낀 맥주 상자
미니어처를 활용하면 개성 있는 작품을 만
들 수 있습니다. 맥주 상자에 이끼가 낀 테
라리움은 독특한 세계관이 느껴집니다.

아기들덩굴초롱이끼

비꼬리이끼

가는흰털이끼

개방형 용기

지름: 14cm
높이: 12cm

키우기 쉬움
★★

만들기 쉬움
★★

제작 시간
60분

※ 균일가 생활용품점에서 구입한 것: 맥주 상자, 유리 용기

▌**Point** 만들기

관리에도

미니어처 맥주 상자 속에도 이끼를 심어 시간의 흐름을 표현한다.
핀셋은 끝이 가는 것을 사용한다. 맥주 상자에 물에 녹인 적옥토를
발라 때가 탄 느낌을 표현한다.

균일가 생활용품점에는 재료뿐 아니라 관리에 사용할 수 있는 용품
도 있다. LED 라이트는 책상에서 테라리움을 꾸밀 때 편리하다.

지층 테라리움

균일가 생활용품점에서 산 긴 유리병을 사용해 이끼에 자갈과 수태를 조합해 지층을 디자인했습니다.

아기들덩굴초롱이끼

너구리
꼬리이끼

구슬이끼

가는흰털이끼

지름: 12cm
높이: 20cm

키우기 쉬움
★ ★ ★

만들기 쉬움
★ ★

제작 시간
90분

※ 균일가 생활용품점에서 구입한 것:
유리 용기, 자갈, 경석, 수태

※ 균일가 생활용품점에서 구입한 것:
미니 블록, 맨홀 뚜껑, 아크릴 케이스

주름솔이끼

구슬이끼

아기들덩굴
초롱이끼

가는흰털이끼

개방형 용기

가로: 17.5cm
세로: 7cm
높이: 8.5cm

키우기 쉬움

만들기 쉬움

제작 시간
60분

미니 블록을 사용해

미니어처 블록이나 맨홀 뚜껑을 이용해 일상적인 풍경을 옮겨놓은 듯한 작품.

미니 실험 기구를 사용해

인기 있는 실험 기구의 미니어처를 사용하면 마치 실험실 같은 분위기가 납니다. 개방형의 소형 용기는 빨리 마르므로 건조에 강한 종류의 이끼를 선택하세요.

가는흰털이끼

구슬이끼

개방형 용기

삼각플라스크 모양
지름: 4cm
높이: 8cm

비커 모양
지름: 3cm
높이: 5cm

키우기 쉬움
★ ★

만들기 쉬움
★ ★

제작 시간
20분

※ 균일가 생활용품점에서
구입한 것: 유리 용기

밀폐형 용기

지름: 2cm
높이: 4cm

키우기 쉬움
★ ★

만들기 쉬움
★ ★

제작 시간
30분

아기들덩굴
초롱이끼

미니 보틀을 사용해

작은 보틀을 연결해 갈런드처럼 만들었습니다. 벽이나 창가에 장식하면 즐거움이 가득합니다.

※ 균일가 생활용품점에서
구입한 것: 미니 보틀,
마끈

다른 식물과
조합하기

생육 환경이 이끼와
비슷한 식물이라면 같은
테라리움에서 기를 수 있습니다.
이끼와 잘 맞는 식물의 조합과
포인트를 소개합니다.
식물의 잎이 너무 많이 자라면
이끼가 빛을 볼 수 있도록
적당히 잘라주세요.

봉황이끼 →

← 너구리꼬리이끼

← 비꼬리이끼

작은흰털이끼

덩굴초롱이끼

작품명

양치식물과 이끼

양치식물인 검정개관중과 돌을 조합
해 만들었습니다. 양치식물이 태고
의 신비로운 분위기를 자아냅니다.

개방형 용기

지름: 12cm
높이: 15cm

키우기 쉬움
★★

만들기 쉬움
★★

제작 시간
60분

작품명

세인트폴리아와 이끼

귀여운 세인트폴리아 꽃으로
화사하게 연출했습니다.
꽃이 진 후에도 초록 잎을
즐길 수 있습니다.

비꼬리이끼 →

개방형 용기

지름: 14cm
높이: 18cm

키우기 쉬움
★★

만들기 쉬움
★★

제작 시간
60분

피토니아와 이끼

그물 무늬의 잎이 인상적인 피토니아 2종을 조합했습니다. 리듬감 있는 배치로 한층 더 재미있게 만들어 보세요.

가는흰털이끼

비꼬리이끼

덩굴초롱이끼

너구리꼬리이끼

가는흰털이끼

개방형 용기

지름: 14cm
높이: 11cm

키우기 쉬움
★★

만들기 쉬움

제작 시간
60분

▌Point 만들기, 관리 포인트

성장이 빠른 식물의 잎은 적당히 떼어내어 이끼에 잎 그늘이 지지 않도록 주의한다.

곰팡이 등의 발생을 방지하기 위해 조합할 식물에 붙어 있는 흙을 깨끗하게 씻어 제거한다.

세인트폴리아는 잎이나 줄기의 손상된 부분부터 썩기 쉬우므로 살균제로 소독한 다음 심는 것이 좋다.

가운데에 심은 세인트폴리아의 존재감을 살리기 위해 이끼는 키가 작은 종류를 고른다. 또한, 이끼와 다른 식물을 조합한 경우에는 봄과 가을에 액체 비료를 준다.

스탠드형 LED 조명

손쉽게 설치할 수 있고, 놓는 장소도 자유롭게 바꿀 수 있어서 편리한 스탠드형 조명. 조명의 높이를 조절해 이끼에 알맞은 밝기로 맞추어주세요.

LED 조명
활용하기

햇빛이 잘 들지 않는 실내에서도 LED 조명을
이용하면 이끼를 건강하게 기를 수 있습니다.
조명이 비치는 작품의 분위기도 환상적입니다.
환경과 취향에 맞추어 활용해보세요.

개방형 용기

지름: 12cm
높이: 15cm

LED 조명 선택 포인트

이끼를 키우기에는 500~2,000럭스 정도 밝기의 빛이 필요합니다. 태양빛에 얼마큼 유사한지를 나타내는 Ra 지수가 100에 가까운 것을 고르면 더욱 좋습니다.

▌Point 관리 포인트

식물 재배용 조명도 다수 판매하고 있다. 이끼용으로는 빛이 너무 센 경우도 있으니 위 사진의 밝기를 기준으로 한다.

수조용 LED 조명. 자연광이 들어오는 실내에서 보조적으로 사용하는 경우에는 데스크 조명도 괜찮다.

빛이 너무 센 경우에는 조명과 이끼의 거리를 떨어뜨려 놓는다.

LED 조명 사용 포인트

조명은 하루에 8~10시간 켜 놓습니다. 24시간 계속 켜 놓으면 이끼에게는 스트레스가 되어 손상의 원인이 되기도 하므로 주의하세요.

▌ Point 관리 포인트

타이머를 이용하면 외출 중일 때도 켜고, 끌 수 있어 편리하다.

조명과 일체형인 용기도 있다. 조명을 켜놓는 시간에 주의한 다. 일체형은 열이 차기 쉬우므 로 반드시 개방형 용기를 선택 하도록 한다.

직사각형 LED 조명
직사각형이어서 깔끔하게 수조형 용기에 설치할 수 있는 조명. 넓은 범위를 비추기 때문에 전체적 으로 빛을 받아 싱그러움이 가득합니다.

개방형 용기

가로: 25cm
세로: 16cm
높이: 16cm

MOSS TERRARIUM

이끼 테라리움

초보자도 만들기 쉽고 키우기 쉬운 테라리움.
자주 묻는 질문과 해결 방법을 제시합니다.

 테라리움의 **이끼가 갈색으로 변해버렸어요**

 곰팡이의 원인이 될 수도 있습니다. 방치하지 말고 빨리 잘라주세요

갈색으로 변한 것이 이끼의 일부분이면 크게 걱정하지 않아도 됩니다. 갈색으로 변한 이끼는 곰팡이의 원인이 될 수 있으므로 가위로 잘라 빨리 제거해주세요.
이끼가 밑동부터 전부 갈색으로 변한 경우는 균류가 번식해 죽었을 가능성이 있습니다. 갈색으로 변한 이끼는 뿌리째 제거하고 원예용 살균제를 뿌려 두세요.

둘 중 어느 경우라도 빨리 발견하면 괜찮습니다. 평소에 자주 관찰하고, 이상이 발견되면 빨리 제거하세요

갈색으로 변했다면 빨리 잘라준다

 길가에 자란 이끼는 테라리움에 사용할 수 있나요?

 길가에 자란 이끼는 테라리움에 **적합하지 않은 종류가 많으므로** 추천하지 않습니다

길가의 이끼는 은이끼나 가는참외이끼 등 원래부터 테라리움에 적합하지 않은 종류가 많아 테라리움으로 키우기는 매우 어렵습니다. 또한, 야외에서 자란 이끼에는 곰팡이나 벌레가 생기는 원인이 되는 이물질이 붙어 있는 경우가 많으므로 곰팡이나 벌레를 예방하기 위해서라도 이끼 테라리움을 만들 때는 재배 이끼를 사용하는 것이 좋습니다. 청결한 재배 이끼를 사용해 만드는 것이 작품을 만든 후에 발생하는 문제도 적습니다.

길가의 은이끼

테라리움 이끼에 **하얀 솜털** 같은 곰팡이가 피었어요

 곰팡이를 제거하고 청결하게 해주는 것이 기본입니다

곰팡이가 아닌 **이끼의 '헛뿌리'**일 수도 있습니다

이끼 끝에 하얀 솜털 같은 것이 붙어 있다면 곰팡이일 가능성이 있습니다. 발견하면 면봉 등을 이용해 곰팡이를 꼼꼼히 제거해주세요. 이끼가 갈색으로 변한 경우에는 갈색으로 변한 이끼도 잘라서 제거하세요. 광범위하게 곰팡이가 핀 경우에는 용기에서 꺼내 흐르는 물에 꼼꼼히 씻고, 용기도 씻은 다음 새로운 용토에 심어주세요.

또한, 줄기를 따라 흰색이나 갈색의 헛뿌리가 달리는 경우도 있는데, 이 경우에는 그대로 두어도 특별히 문제가 되지는 않습니다. 곰팡이를 예방하기 위해서는 이물질이나 흙을 제거한 청결한 이끼로 작품을 만들고, 갈색으로 변한 이끼는 빨리 제거해야 합니다. 해결 방법으로는 앞서 말한 바와 같이 곰팡이 부분을 제거해 청결하게 한 다음 원예용 살균제를 사용하면 됩니다.

가는흰털이끼에 생긴 곰팡이

꼬리이끼의 헛뿌리. 곰팡이가 아니다

큰솔이끼의 헛뿌리

 벌레가 생기지는 않나요?

 깨끗한 재료를 사용해 만들면 **걱정하지 않아도 됩니다**

또한, 야외에서 채취한 것이 아닌, 청결한 환경에서 키워진 재배 이끼를 사용하는 것도 포인트입니다. 벌레를 발견하면 핀셋 등으로 제거하고, 원예용 살충제를 사용하면 됩니다.

뚜껑이 있는 유리 용기로 키우는 이끼 테라리움은 나중에 벌레가 들어갈 걱정이 없습니다. 만들 때 깨끗한 재료를 사용하세요. 이끼에는 유충이나 초파리 등 작은 벌레가 붙어 있는 경우가 있습니다. 재료로 사용하는 이끼에 이물질이나 흙이 붙어 있으면 벌레의 알이 섞여 있을 수 있으므로, 이끼 아래쪽의 갈색 부분은 이물질이나 흙을 깨끗이 제거한 후에 테라리움에 사용하세요.

가는흰털이끼에 붙어 있는 둥근가시벌레

각다귀 유충의 분변

테라리움을 만들 때 **남은 이끼는 어떻게 보관**하나요?

건조해지지 않도록 적정 온도에서 관리하고 **가능한 한 빨리** 사용하세요

팩에 들어 있는 이끼는 남으면 다시 팩에 담아 마르지 않도록 적셔두면 2주일 정도는 문제없이 보관할 수 있습니다. 밀폐형 플라스틱 컵의 경우는 컵 안의 온도가 과도하게 올라갈 수 있으므로 이끼가 무르지 않도록 주의해야 합니다. 장기간 보관하면 이끼가 시들어버리니 빨리 사용하세요. 장기간 집을 비울 경우 등은 식품용 보관 용기에 젖은 적옥토를 깐 다음 그 위에 이끼를 놓고, 뚜껑을 닫아 보관합니다. 보관 용기에 직접 넣는 것보다 적옥토를 깔아주는 것이 습도가 유지되어 이끼의 손상이 적습니다. 같은 보관 용기에 여러 종류의 이끼를 같이 넣어둘 수도 있습니다. 1개월 이상 보관해도 괜찮습니다. 가능한 한 시원한 장소에 보관하세요.

팩에 들어 있는 구슬이끼

구슬이끼를 보관 용기에 보관

이끼 테라리움의 이끼는 **비료를 주어야 하나요?**

이끼만 있으면 필요하지 않고, 다른 식물과 조합한다면 **액체 비료**를 주세요

자연의 이끼는 빗물만으로도 자라고, 많은 영양이 필요하지는 않습니다. 이끼 테라리움의 경우에도 비료는 필요하지 않지만, 오래 키우면 잎 색이 연해지는 경우가 있습니다. 건강하게 오랫동안 키우기 위해서는 관엽식물용 액체 비료를 관엽식물과 같은 배율로 물에 희석해 분무기로 뿌려주세요. 성장기인 봄과 가을에 한 번씩 주면 충분합니다. 너무 많이 주면 조류가 발생해 유리 안쪽이나 흙이 녹색으로 변해 지저분해지는 원인이 되기도 합니다. 이끼 이외에 양치식물이나 난 등을 같이 심을 경우에는 그 식물에 알맞은 비료를 주어야 합니다. 양치식물이나 난에 주는 정도라면 이끼에게 나쁜 영향을 주지는 않습니다. 어떤 경우라도 과도하게 주지 않도록 주의하세요. 고형 비료나 유기질 비료는 이끼를 손상시키므로 사용하지 않습니다.

기본적으로 이끼에 비료는 필요하지 않지만, 잎 색이 연해진 경우에 비료를 주는 것은 효과가 있다. 과도하게 주지 않도록 주의한다.

이끼 번식시키기

이끼는 성장과 함께 번식해나가지만, 포기나누기를 하거나 자른 이끼를 사용해
번식시킬 수 있습니다. 초보자도 쉽게 할 수 있는 방법을 소개합니다.

| 방법 1 | 포기나누기로 번식시키기 |

테라리움으로 2년 정도 키우면 용기 안에 이끼가 가득 자랍니다.
포기나누기는 이끼를 번식시키는 가장 기본적인 방법입니다.
이끼를 꺼내 포기나누기를 해 늘려나갑니다.

용기 안에서 번식한 가는흰털이끼를 꺼내고, 오래된 흙을 깨끗이 털
어낸다. 이끼에 흙이 들러붙어 떨어지지 않을 때는 물로 씻어주어도
된다.

손으로 뜯어내듯이 이끼를 반으로 나누고, 갈색 부분을 가위로 다듬
어 정리한다. 이끼가 두꺼울 때는 24쪽의 방법으로 이끼의 밑쪽을
잘라주면 된다.

완성

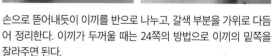

용기를 2개 준비하고
새로운 용토를 사용해 심어준다.

※ 용기를 재사용하는 경우에는
   깨끗이 씻어서 사용할 것.

방법 2 | 이끼 뿌리기로 번식시키기

성장한 이끼를 잘게 잘라 번식시키는 '이끼 뿌리기'는 잎이나 줄기의 재생 능력을 이용하는 방법입니다. 이끼의 작은 새순이 싹을 틔우고 성장해가는 과정을 마치 실험을 하듯 관찰하며 즐길 수 있습니다.

완성

성장한 모래이끼를 가위로 2~3mm 크기로 잘게 잘라 흙 위에 뿌린다. 분무기로 물을 뿌려 적셔주고, 뚜껑을 덮어 관리한다.

1~2개월이면 새싹이 재생되어 나온다(사진은 2개월 후).

※ 원래의 상태까지 성장하려면 6개월 정도가 걸리므로 시간이 필요한 방법이지만, 작은 이끼가 싹을 틔우고, 성장해가는 과정을 관찰할 수 있다.

※ 이끼 뿌리기로 나오는 새순의 수나 성장 속도는 이끼의 종류에 따라 다르다. 우선 새순이 잘 나오는 모래이끼나 구슬이끼로 시험해보기를 추천한다.

5~6개월 후

이렇게 즐기는 방법도

확대경으로 관찰하며 즐기자

이끼 테라리움으로 기른 이끼를 확대경으로 관찰해보세요. 이끼의 종류별로 다른 잎 모양, 새순이 나오는 모습을 관찰할 수 있어서 육안으로 보는 것과는 전혀 다른 이끼의 세계가 펼쳐집니다. 배율이 높은 확대경으로 이끼를 관찰할 때의 포인트는 우선 확대경을 눈에 가까이 대는 것. 다음으로 확대경과 눈의 거리는 고정한 채 이끼에 초점이 맞을 때까지 가까이 가세요. 용기 속에서 초점이 잘 맞지 않을 때는 핀셋으로 조금만 집어 올려도 괜찮습니다. 관찰이 끝나면 살포시 제자리로 되돌려 놓으세요.

이끼를 관찰할 때에는 잎이나 헛뿌리 등까지 관찰할 수 있는 배율 10배 정도의 확대경을 추천한다. 야외에서 이끼 관찰을 할 때도 사용할 수 있다.

Chapter 2

MOSS BALL

처음 시작하는 **이끼볼**

동그란 모양이 너무나도 귀여운 이끼볼. 실외 관리가 기본이며, 건조에 주의해야 합니다.
이끼볼에 적합한 이끼 고르는 방법이나 동그랗고 예쁘게 만드는 방법 등 만드는 방법의 포인트,
실내에서도 즐길 수 있는 방법과 장식 방법 등을 소개합니다.

MOSS BALL

Part 1

깃털이끼

키우기 쉬워 인기가 있는 깃털이끼로 만든 이끼볼. 실내에는 한 달에 2~3일 정도 장식하는 것이 좋습니다. 실내에는 길어도 1주일 이내로만 장식하세요.

기본 이끼볼

복슬복슬한 이끼가 둥글게 말려 있는 모습이 귀여운 이끼볼.
둥근 모양을 만드는 방법만 알면 초보자라도 도전할 수 있습니다.
건강하게 키우기 위해서는
실외에서 관리하는 것이 기본입니다.
실내에는 오래 두지 마세요.

용기 크기
지름: 10cm

키우기 쉬움
★ ★

만들기 쉬움
★ ★ ★

제작 시간
30분

사용한 이끼

아기들덩굴초롱이끼

투명감 있는 잎이 아름다운 아기들덩굴초롱이끼로 매력이 넘치는 이끼볼을 만들어보았습니다. 물을 준 직후에는 반짝반짝 빛나는 것 같아요.

용기 크기
지름: 10cm

키우기 쉬움
★ ★

만들기 쉬움
★ ★ ★

제작 시간
30분

둥근 모양을 만드는 방법

가늘고 긴 작은 이끼를 둥글게 만드는 것이 어려워 보이는 이끼볼도 주변에 있는 물건을 활용하면 귀여운 둥근 모양을 만들 수 있습니다. 털깃털이끼, 아기들덩굴초롱이끼, 깃털이끼, 덩굴초롱이끼, 윤이끼, 큰잎덩굴초롱이끼 등이 다루기 쉬우므로 추천합니다.

▍Supplies 재료

1 털깃털이끼

이끼볼용으로 가장 친숙한 이끼. 많은 원예점에서 판매하고 있어 구입하기도 쉽다. 땅 위를 기듯이 자라고, 밝은 그늘을 좋아한다.

2 용토

이끼볼에는 입자가 작은 경질 적옥토를 사용한다. 체로 쳐서 가루를 제거하고, 알갱이 부분을 사용한다.

3 용기(접시) / 화분 배수망

분재용으로 구멍이 뚫린 얕은 분재 화분을 사용한다. 플라스틱 접시도 물빠짐용 구멍을 뚫으면 사용할 수 있다. 구멍에 화분 배수망을 깔고 사용한다.

4 자갈

여기서는 맥반석 자갈을 사용했다. 부사사 등의 다공질(12쪽) 자갈이 적합하다. 자갈을 깔면 적절한 보습 효과가 있다.

5 그물망

배수구용 망. 용토를 둥글게 만들 때 사용하기 편하다.

6 면실

이끼를 고정할 때 사용한다.

▍Tools 도구

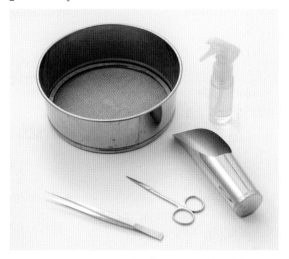

1 핀셋 / 가위

(23쪽 참조)

2 체

용토의 가루를 제거할 때 사용한다.

3 볼 또는 양동이

완성한 이끼볼을 물에 담가 물을 흡수시킬 때 사용한다.

그 밖의 편리한 도구

1 흙손

용토를 떠서 용기에 넣을 때 있으면 편리하다.

2 분무기 / 물뿌리개

물을 줄 때 있으면 편리하다.

기본 만드는 방법

점토질의 흙을 사용하지 않고, 알갱이 상태의 적옥토를 그물망에 넣어서 사용하는 것이 포인트입니다. 이끼볼의 내부까지 신선한 물과 공기가 공급되기 때문에 이끼볼을 튼튼하게 기를 수 있습니다. 예쁜 초록색 이끼볼을 만들기 위해서는 이끼 뒤쪽에 원래 붙어 있는 갈색 부분을 제거한 후에 만드는 것이 중요합니다.

**용토와
그물망을
준비한다**

알갱이 상태의 적옥토를 그물망에 넣고, 둥근 모양에 가깝게 만든다.

둥근 모양을 만든 상태에서 그물망의 끝부분을 묶고, 나머지 부분을 자른다.

볼에 물을 담고, 둥글게 만든 용토를 2~3분 정도 담가둔다. 가볍게 헹구어 꺼낸다.

**이끼를
준비해
감싸준다**

이끼는 녹색 부분에서 헛뿌리(뿌리처럼 몸을 지탱하는 기관)가 나와 용토 볼에 엉겨 붙으므로 안쪽의 갈색 부분을 자르고 용토 볼에 덮어씌운다.

용토 볼을 이끼로 감싸준다. 밑바닥은 빛이 들지 않아 말라버리므로 이끼를 두르지 않고 그대로 두어도 된다.

면실로 고정하듯이 감아준다. 여러 방향에서 20번 정도 감아 둥근 모양을 만들어간다.

**완성해
장식한다**

실을 감아 고정한 다음 실을 자르고 끝부분을 핀셋으로 이끼 안으로 꽂아 넣는다. 물을 담아 놓은 볼에 이끼볼을 넣어 2~3분 정도 담그고, 잘 헹구어 꺼낸다.

구멍이 뚫린 용기에 배수망을 깔고, 그 위에 젖은 자갈을 깐다.

이끼볼을 얹어 장식한다. 아침 해가 들고, 비를 맞는 장소에 두는 것이 가장 좋다.

관리 포인트

이끼볼을 놓아두는 장소는 장시간 직사광선이 비치지 않는 실내가 최적입니다. 베란다 등에서 기를 경우에는 콘크리트 위에 직접 놓거나, 실외기 앞에 놓으면 온도가 과도하게 올라가므로 피해야 합니다. 받침대 위에 놓아두세요. 또한, 구멍이 뚫린 용기를 사용해 물이 고이지 않도록 하세요.

▌ Point 실외에서 관리

실내 재배(왼쪽)와 베란다 재배(우) 털깃털이끼 이끼볼. 같은 크기로 만들어 60일이 지난 모습. 계속 실내에서 관리하기는 매우 어렵다.

▌ Point 다듬기

이끼가 너무 많이 자라면 둥글게 다듬어준다. 사진은 깔끔한 이끼볼의 모습을 되찾은 아기들덩굴초롱이끼. 이끼의 종류에 따라 자라는 모습이나 자라는 기간이 다르다.

▌ Point 물주기

이끼볼은 물을 자주 주어야 합니다. 봄~가을은 하루에 한 번을 기준으로 아침 또는 저녁에 덥지 않은 시간대에 듬뿍 주세요.

물뿌리개로 듬뿍

매일 물뿌리개로 용기의 배수 구멍으로 물이 흘러나올 정도로 듬뿍 준다. 분무기로는 부족해서 안 된다. 한 달에 한 번 30분 정도 양동이에 물을 받아 담가둔다. 비를 맞으면 천천히 물을 흡수하므로 이끼가 더욱 건강해진다.

▌ Point 다양한 장식 방법

이끼의 종류에 따라 이끼볼의 분위기도 달라집니다. 매달아서 장식해도 신선한 느낌을 줍니다. 장식하는 환경의 밝기나 습도 관리에 주의하세요.

두깃우산이끼

태류 이끼도 이끼볼로 즐길 수 있다. 두깃우산이끼는 흙에 밀착해 자라므로 태류 중에서도 이끼볼에 추천하는 종류다. 태류는 건조하면 급격히 약해지므로 건조해지지 않도록 주의해야 한다.

건조가 심할 때는

장기간 물을 주지 못해서 이끼볼이 심하게 건조할 경우에는 물을 담아 놓은 양동이에 30분 정도 담가 물을 흡수시킨다. 바싹 말라버렸어도 바로 말라 죽지는 않는다.

올리브나무에 매달아서

덩굴초롱이끼를 올리브나무에 장식했다. 용기에 올려놓고 키우는 것보다 건조해지기 쉬우므로 건조한 시기에는 아침저녁 하루에 두 번 물을 준다.

단풍나무, 7월
사용한 이끼
깃털이끼

사계절을
즐기는 이끼볼

이끼볼에 단풍나무 같은 낙엽수를 심으면
5~6월 무렵에 싹이 트는 모습부터 신록,
가을의 단풍 등 사시사철 다양한 분위기를
즐길 수 있습니다. 기본 이끼볼과 마찬가지로
실외에서 관리하는 것이 기본입니다.
실내에 장식할 때는 일주일 이내로 하세요.

작품 크기
지름: 10cm
높이: 20cm

키우기 쉬움
★ ★ ★

만들기 쉬움

제작 시간
60분

만들기 포인트

이끼는 비료를 거의 주지
않아도 자라지만, 이끼 이
외의 식물을 조합할 경우
에는 그 식물에 비료 성분이
필요합니다. 조합하는 나무는
단풍나무 이외에 검양옻나무, 매자
나무, 회잎나무 등이 단풍이 지는 나무이므로 추천합니다.

▌Point 비료가 필요할 경우

기본 이끼볼(50쪽)과 같은 방법으로 알갱이 상태의
적옥토를 그물망에 넣은 다음 완효성 비료를 작은
숟가락으로 1스푼(1g) 정도 더해 섞어둔다.

단풍나무, 11월

사용한 이끼

털깃털이끼

Point

**단풍
나무의
흙을
털어낸다**

단풍나무 묘목 뿌리에 붙은 흙은 모두 씻어내어 제
거하고 뿌리만 남긴다.

Point

**뿌리를
용토로
덮는다**

단풍나무의 뿌리를 망 안의 용토에 넣고, 주위를 덮
어주듯이 둥근 모양으로 감싸나간다.

Point

**물에
담가
헹군다**

망을 묶고, 나머지 부분을 자른다. 양동이에 물을 담
고, 둥글게 만든 용토를 2~3분 담근 다음 가볍게 헹
구어 꺼낸다. 기본 이끼볼(50쪽)과 마찬가지로 이끼
를 둘러 고정한다.

Point

**관리
포인트**

구멍이 뚫린 용기에 화분 배수망, 젖은 자갈을 깔고
이끼볼을 얹어 장식한다. 기본 이끼볼과 마찬가지로
아침 해가 들고, 비를 맞는 장소에 놓아둔다. 매일 물
뿌리개로 물을 듬뿍 준다.

꽃이 피는
이끼볼

이끼와 생육 환경이 비슷한 식물을
이끼볼과 조합해 꽃이 피면 계절감을
한층 더 즐길 수 있습니다.
사계절을 즐기는 이끼볼(단풍나무, 52쪽)과
같은 방법으로 만들어보세요.
놓아두는 장소도 아침 해가 들고,
비를 맞는 곳이 가장 좋습니다.

호스타

길게 뻗은 줄기에 청량감 있는 꽃을 피우는 호스
타. 이끼볼과 조합한 모습이 단아한 아름다움을
자아냅니다. 꽃이 피는 시기 이외에도 잎을 즐길
수 있습니다. 겨울에는 잎이 없어지고 이끼만 있
는 이끼볼이 되니 새싹이 나오는 봄을 기다려보
세요.

사용한 이끼

덩굴초롱이끼

작품 크기
지름: 10cm
높이: 25cm

키우기 쉬움
★ ★

만들기 쉬움
★ ★

제작 시간
60분

만들기 · 관리 **포인트**

사계절을 즐기는 이끼볼(단풍나무, 52쪽)과 마찬가
지로 용토에 완효성 비료를 섞고, 조합하는 식물
뿌리의 흙을 제거한 후에 만듭니다. 꽃 이외에 자
금우, 금두 등 열매를 즐기는 식물로도 만들 수 있
습니다. 실외 관리가 기본입니다. 실내에서는 1주
일 이내로 장식하세요.

실내에서 키우는 이끼볼
(왼쪽)과 베란다에서 키우
는 이끼볼(오른쪽). 이끼도
조합하는 식물도 실내에
서만 관리하면 잘 자라지
않는다.

산수국

산수국은 작게 키워도 매년 꽃이 잘 피기 때문에 이끼볼에 적합한 식물입니다. 품종에 따라 다양한 꽃 색을 즐길 수 있습니다.

사용한 이끼

털깃털이끼

작품 크기
지름: 10cm
높이: 25cm

키우기 쉬움
★ ★

만들기 쉬움
★ ★

제작 시간
60분

▌Point

다양한 장식 방법

실내에 장식할 때는 1주일 이내로 하고, 직사광선이나 에어컨 바람이 직접 닿는 곳은 피한다.

마취목

반그늘에서도 튼튼하게 잘 자라고, 수많은 작은 꽃들이 송이 형태로 달려 꽃을 피우는 마취목. 이끼볼과 조합해 봄을 만끽해보자.

벚꽃과 제비꽃

이끼볼에 조합하는 식물은 반그늘에서도 잘 자라는 식물을 추천한다. 벚꽃과 제비꽃을 조합해 화사하게 만들어보자. 다습과 건조에 주의한다.

MOSS
BALL

Part
4

이끼볼
테라리움

실외에서 이끼볼을 관리하기가
너무 어려워요…….
이런 경우에는 테라리움으로 만들어보세요.
실외에서 관리하는 것과는 이끼의 종류,
만드는 방법을 다르게 하는 것이 포인트입니다.
물도 자주 주지 않아도 되고,
관리하기도 쉬운 것이 장점입니다.

사용한 이끼
가는흰털이끼

매달린 이끼볼을 가까이에서 즐길 수 있
는 이끼볼 테라리움. 바닥에 놓는 경우에
는 분무기로 물을 주면 되지만, 매다는 경
우에는 다소 건조해지기 쉬우므로 2주에
한 번은 물에 담가주세요.

용기 크기
입구지름: 6cm
지름: 17cm
높이: 24cm

키우기 쉬움
★★☆

만들기 쉬움

제작 시간
150분

테라리움용 이끼를 고르자

실내에서 관리하는 이끼볼 테라리움에는 봉긋하게 자라고 성장이 느린 종류, 웃자람 현상이 적은 종류의 이끼를 고르면 관리하기 쉽고 공 모양도 유지하기 쉽다.

▌Supplies 재료

1 작은흰털이끼

성장이 느리고 봉긋하게 자란다. 새로 자라는 잎은 약간 흰빛을 띤다.

2 플로럴폼

공 모양의 플로럴폼을 이끼볼의 토대로 사용한다. 사각 플로럴폼을 공 모양으로 만들어서 사용해도 된다.

3 용기

유리 소재의 테라리움 용기. 여기서는 개방형 용기를 사용했다. 밀폐형을 사용해도 된다.

4 자갈

강자갈을 사용한다. 자갈을 깔아주면 적당한 보습 효과가 있다.

5 S자 고리 / 철사(15cm) / 낚싯줄(15cm) 각 1개씩, 자석(지름 1cm) 2개

매다는 용으로 만들 때 사용한다. 투명한 낚싯줄을 사용하면 이끼볼이 떠 있는 것처럼 보인다.

▌Tools 도구

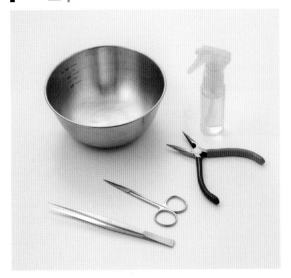

1 핀셋 / 가위 / 분무기

(23쪽 참조)

2 볼

완성한 이끼볼을 물에 담가 물을 흡수시킬 때 사용한다.

3 롱 노즈 플라이어

철사를 매달 때 사용한다.

기본 만드는 방법

공 모양의 플로럴폼을 토대로 이끼를 심어줍니다.
매다는 용으로 만들면 이끼볼이 유리 용기 안에서 떠 있는 것처럼 연출할 수 있습니다.

플로럴폼에 물을 흡수시킨다. 물 위에 살짝 놓고 천천히 스며들기를 기다린다.

컵에 랩을 씌우고 그 위에 물을 흡수시킨 플로럴폼을 얹어놓는다.

핀셋을 사용해 플로럴폼에 이끼를 꽂아 넣듯이 심는다. 2mm 정도의 깊이로 꽂아 넣는다.

끈기 있게 심어나간다. 같은 깊이로 꽂는 것이 예쁜 모양으로 완성하는 포인트.

이끼볼 중심에 철사를 통과시키고, 끝부분을 롱 노즈 플라이어를 이용해 U자로 구부린 다음 끌어당긴다.

반대쪽을 롱 노즈 플라이어로 둥글게 말아서 고리를 만든다.

고리를 완성한 모습.

철사로 만든 고리에 낚싯줄을 묶는다.

이끼볼의 위치가 유리 용기의 중간에 오도록 낚싯줄의 길이를 조절한다.

길이를 조절한 위치에서 낚싯줄을 자르고, S자 고리를 연결한다.

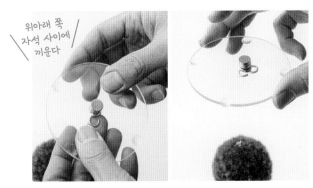

위아래 쪽 자석 사이에 끼운다

뚜껑과 S자 고리를 자석 2개 사이에 끼워서 고정한다. 강력한 네오디뮴 자석을 사용하면 고정하기 쉽다.

뚜껑에 매단 이끼볼을 테라리움 용기에 넣는다.

관리 **포인트**

기본적인 키우는 방법은 이끼 테라리움(25쪽)과 같다. 매다는 형태는 건조해지기 쉬우므로 2주에 한 번 용기에서 꺼내 5분 정도 물에 담가 천천히 물을 흡수시킨다. 용기 바닥에 젖은 자갈을 깔아두면 습도를 유지하기 쉽다.

▌Point 다양한 장식 방법

일반적인 테라리움 풍경 속에 이끼볼을 조합해도 좋다. 용토 위에 직접 놓을 경우에는 이끼볼의 아래쪽에는 이끼를 심지 않는다.

이끼볼 테라리움에 적합한 이끼

가는흰털이끼, 작은흰털이끼, 구슬이끼 등 봉긋하게 자라고, 성장이 느린 이끼가 적합하다. 사진은 구슬이끼다. 실외에서 관리하는 이끼볼에 적합한 털깃털이끼, 깃털이끼 등 땅 위를 기며 자라는 종류는 테라리움 안에서는 웃자라기 쉽고, 예쁜 공 모양을 유지하기 어려우므로 사용하지 않는 것이 좋다.

MOSS BALL
이끼볼

귀여운 모양을 살리고 싶은 이끼볼.
모양을 예쁘게 유지하기 위해서 만드는 방법과
관리할 때 주의해야 할 점은?

 이끼볼의 **이끼가 갈색**으로
변해버렸어요

 물렀거나 빛이 부족해서
일 수 있습니다

실내에서 이끼볼을 키우다 보면 빛이 부족하거나 건조한 환경 때문에 1개월 정도 되면 이끼가 갈색으로 변해버립니다. 실내에는 2~3일 정도만 장식하고, 반드시 실외의 밝은 그늘에서 키우도록 하세요.
또한, 용기에 물이 고여 있으면 고인 물이 따뜻해져서 이끼볼이 물러 썩어버리는 경우가 있습니다. 구멍이 뚫린 화분을 사용하고 물이 고이지 않도록 주의하세요.
사진처럼 완전히 갈색으로 변한 경우에는 회복이 어려우므로 이끼를 벗겨내고 다시 새로운 이끼로 감싸주어야 합니다.

갈색으로 변한 아기들덩굴초롱이끼 이끼볼

 이끼볼에도 **벌레**가 생기나요?

 벌레가 생기기도 합니다.
벌레를 싫어한다면 **테라리움**으로
키우는 이끼볼을 추천합니다

이끼는 작은 벌레의 은신처가 되므로 초파리나 작은 모기의 유충이 있을 수 있습니다. 이끼를 먹는 벌레는 드물지만, 모기의 유충이나 공벌레 등은 이끼를 먹기도 합니다.
유리로 둘러싸인 테라리움은 외부에서 벌레가 들어오지 않습니다. 만들 때 청결한 이끼를 사용하면 벌레 걱정이 없으므로 벌레를 싫어한다면 테라리움으로 키우는 이끼볼을 추천합니다.

습도 관리도 쉽고,
벌레 걱정도 없는
이끼 테라리움

이끼볼과 **나무**나 **화초** 등
다른 식물을 **조합**하고 싶은데요

 식물과 이끼 **양쪽 모두에게**
알맞은 관리가 필요합니다

나무나 화초 등 다른 식물을 조합하는 경우에는 다른 식물과 이끼 양쪽 모두에게 알맞은 장소, 물주기, 비료 주기가 필요하므로 관리가 복잡해집니다. 조합하는 식물을 고르는 포인트는 가능한 이끼와 비슷한 환경에서 자라는 종류의 식물을 고르는 것입니다.

다른 식물과 조합하는 것보다 이끼로만 만든 이끼볼이 간단하게 기를 수 있습니다. 처음 이끼볼을 키우는 경우에는 우선 이끼만 있는 심플한 이끼볼을 추천합니다.

이끼로만 만든 이끼볼이 관리하기 쉽다

산수국 이끼볼

이끼만 갈색으로 변한 이끼볼

 이끼볼에 심은 **나무와**
화초가 말라 죽어버렸어요

 물이 부족해서 일 가능성이 있습니다.
또한, 낙엽수는 겨울에 잎이 집니다

이끼볼에 물을 줄 때 분무기로만 주고 있지 않나요? 나무나 화초는 이끼볼 안에 있는 흙에 뿌리를 내리기 때문에 뿌리까지 물이 골고루 흡수되도록 물을 주어야 합니다. 분무만으로는 물이 충분히 흡수되지 않으므로 반드시 물뿌리개로 물을 듬뿍 주어야 합니다. 말라버렸을 경우에는 물을 담은 양동이에 30분 정도 담가서 물을 천천히 흡수시킵니다.

또한, 단풍나무 등의 낙엽수나 여러해살이풀은 겨울이 되면 낙엽이 지고 봄까지는 가지만 남아 있는 상태가 됩니다. 이것은 말라 죽은 것이 아닙니다.

겨울의 아기들덩굴초롱이끼. 이끼도 계절에 따라 상태가 변한다

겨울이 되어 잎이 지기 시작한 호스타 이끼볼. 봄이 되면 다시 싹이 트기 시작한다

겨울이 되어 낙엽이 진 단풍나무

Q&A

MOSS BALL
이끼볼

 이끼볼의 **용기**는
아무것이나 괜찮나요?

 구멍이 뚫린 것, 또는 구멍을 뚫어서
무르지 않게 할 방법을 찾으면 됩니다

이끼볼을 놓아둔 용기에 물이 고여서 물러버리는 것이 가장 위험합니다. 물을 준 후에 그때마다 용기에 고인 물을 버리는 것도 좋지만, 매번 하기는 힘듭니다.

구멍이 뚫린 얇은 분재용 화분에 자갈을 깔고, 그 위에 이끼볼을 얹어줍니다. 자갈은 부사사나 맥반석 등 다공질(12쪽)이 좋으며, 자갈을 깔아주면 보습 효과가 있습니다.

플라스틱 용기에 구멍을 뚫고, 자갈을 까는 방법으로도 대체할 수 있습니다. 구멍이 막히지 않도록 5mm 이상의 큰 구멍을 여러 군데 뚫어두면 좋습니다.

용기와 화분 배수망, 자갈을 준비한다. 용기는 물빠짐용 구멍이 있는 것을 고르거나, 구멍을 뚫는다

자갈을 깔고 이끼볼을 올려놓으면 적절한 습도를 유지할 수 있다

 베란다에 그늘이 없고
직사광선이 비치는데 어떡하지요?

 다른 화분을 이용해
나뭇잎 사이로 햇빛이 들어오게
만드는 것을 추천합니다

이끼볼에 비치는 햇빛은 오전 9시 정도까지의 아침 해가 가장 좋습니다. 낮부터 저녁까지 직사광선이 비치는 경우에는 다른 화분을 이용해 나뭇잎 사이로 햇빛이 들어오게 만드는 것을 추천합니다. 계절마다 해가 들어오는 각도가 달라지므로 관찰해가면서 화분을 놓아두는 장소를 조절하세요.

햇빛을 차단할 화분이 없는 경우에는 원예용 그늘망이나 갈대발을 이용해 그늘을 만들어주세요.

다른 화분을 이용한 차광. 이끼에는 나뭇잎 사이로 들어오는 햇빛처럼 적당한 그늘이 이상적이다

처음 시작하는 이끼 **분재,**
이끼 **아쿠아 테라리움**

이끼가 주인공인 이끼 분재는 이끼가 돋보이는 용기나 돌 등을 조합하는 것이 포인트.
실외 관리가 기본이며 건조에 주의가 필요하지만, 경우에 따라서는 실내에서도 즐길 수 있습니다.
이끼 아쿠아 테라리움은 물속에서도 자라는 이끼와 식물의 특성을 살린 새로운 인테리어.
투명감과 청량감 넘치는 풍경에 마음마저 정화됩니다.

**MOSS AQUA
TERRARIUM**

기본 이끼 분재

일반적인 분재에서는 식물을 돋보이게 하는 역할을 하는 이끼.
여기에서는 이끼가 주인공인 분재를 소개합니다.
용기나 화분을 조합하기에 따라 새로운 분위기를 발견할 수 있습니다.
테라리움으로는 키우기 어려운 종류의 이끼가 분재로는 키우기 쉬울 수도 있습니다.

왼쪽 위
지름: 8cm
높이: 6cm

오른쪽 위
지름: 8cm
높이: 5cm

왼쪽 아래
지름: 8cm
높이: 5cm

오른쪽 아래
지름: 8cm
높이: 6cm

키우기 쉬움
★★☆

만들기 쉬움
★★★

제작 시간
각 **60**분

사용한 이끼
모래이끼
별 모양의 밝은 녹색이 인상적인 이끼.

사용한 이끼
아기들덩굴초롱이끼
반짝반짝 빛나는 투명감이 있는 이끼.

사용한 이끼
비꼬리이끼
몽글몽글하고 생동감 있는 분재로

꼬리이끼
복슬복슬한 꼬리 같은 이끼.

한 종류씩 심으면 키우기 쉽다

저마다 이끼의 특징이나 특성을 살려 관리하기 쉽게 하기 위해서는 우선 한 종류만 이끼 분재를 만드는 것을 추천합니다. 익숙해지면 생육 환경이 비슷한 종류의 이끼를 모아 심어도 좋습니다.

▌Supplies 재료

1 모래이끼
별처럼 생긴 모양이 인기. 건조에 강하고 양지를 좋아한다.

2 용토
적옥토에 부사사와 왕겨숯(훈탄)을 각각 10%씩 배합한 흙. 물 빠짐이 좋은 용토를 고른다.

3 용기와 화분 배수망
여기서는 다육식물용 화분을 사용. 용기의 크기는 지름 8~10cm 정도로 물빠짐이 좋고 바닥의 배수 구멍이 크게 뚫린 것이 좋다. 유약을 바르지 않은 화분이나 작은 테라코타로도 대체해 사용할 수 있다.

4 화장토 / 돌
여기에서는 부사사, 화산석을 사용한다. 다공질의 돌을 사용하면 이끼가 착생하기 쉽다.

▌Tools 도구

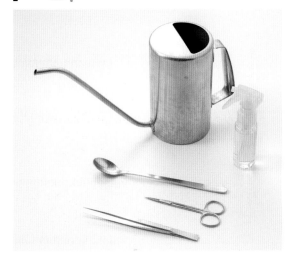

1 핀셋 / 가위 / 분무기
(23쪽 참조)

2 물뿌리개
물을 줄 때 사용한다.

그 밖의 편리한 도구

1 숟가락 / 붓
용토나 자갈을 뜨거나 고르게 펼 때 편리하다.

2 흙손 / 막대
용토를 넣거나 정돈할 때 편리하다.

기본 만드는 방법

용토나 이끼 준비, 심는 방법 등은 이끼 분재 만들기에 대부분 공통으로 적용됩니다.
재료로 사용할 이끼는 건강하고 깨끗한 상태의 것을 고르세요.

이끼와 용토를 준비한다

화분에 화분 배수망을 깔고 용토를 넣는다. 화분 끝까지 넣지 않는다.

용토에 살짝 파묻히도록 돌을 배치한다.

용토의 표면을 고르게 정리한다. 붓을 사용하면 편리하다.

용토 전체가 젖도록 물을 붓는다. 화분 밑바닥에서 물이 흘러나올 정도가 기준.

이끼를 잘라서 심는다

이끼는 뒤쪽의 갈색 부분을 깨끗이 정리한다. 덩어리를 손가락으로 잡고 핀셋으로 집을 수 있는 크기로 조심히 떼어낸다. 이끼의 녹색 부분을 위쪽에서 핀셋으로 단단히 집고 용토에 꽂아 넣듯이 심어나간다.

같은 작업을 반복한다. 화분 안쪽으로 1cm 정도는 이끼를 심지 말고 여유 부분을 만들어둔다.

마무리 한다

여유 부분에 화장토를 깐다. 숟가락을 사용하면 편리하다.

완성. 화분 밑바닥에서 물이 흘러나올 정도로 물뿌리개로 물을 듬뿍 준다. 아침 해가 들고, 비를 맞는 실외에 둔다.

관리 포인트

이끼볼과 마찬가지로 이끼 분재도 직사광선에 장시간 노출되지 않는 실외에서 관리하는 것이 기본입니다. 베란다 같은 곳에서 키우는 경우에는 받침대 등에 올려놓아 과도한 온도 상승을 막아줍니다. 물주기도 마찬가지로 화분의 밑바닥에서 물이 흘러나올 정도로 물뿌리개로 듬뿍 주세요.

▌Point 적재적소에서 건강하게

모래이끼

구슬이끼

한 종류씩 심는 이끼 분재는 만들기도 쉽고, 놓아두는 장소를 정하기도 쉬워 추천한다. 모래이끼는 해가 잘 드는 곳, 구슬이끼는 그늘 등 이끼의 특성에 맞추어 놓아둘 수 있기 때문에 건강하게 자란다.

▌Point 헛뿌리의 힘이 중요

이끼는 헛뿌리가 나오면 보수력이 좋아지고 건조한 환경에 강해진다. 따라서 만든 후에 한 달은 마르지 않도록 물주기에 특히 주의를 기울인다. 접시 같은 용기를 사용할 경우에는 물이 장시간 고여 있으면 이끼가 물러버리므로 주의한다.

▌Point 다양한 장식 방법

이끼와 화분의 조합에 따라 작품이 전혀 달라 보입니다. 취향에 맞는 조합을 찾아보세요. 포자나 새순이 자라는 모습 등 계절에 따라 분위기가 달라지는 것도 매력입니다. 이끼 분재는 작은 화분에서도 키울 수 있으므로 좁은 장소에서도 다양한 이끼를 모아 즐길 수 있습니다.

주름솔이끼

우산이끼

쥐꼬리이끼

투명감 있는 주름진 잎이 아름답다.　　　우산(자기탁)이 나오면 작은 야자나무 같다.　　　쥐꼬리를 닮은 이끼.

테라리움으로 키우는
이끼 분재

실외에서 관리하는 것이 기본인 이끼 분재도
유리 용기나 커버를 사용해 테라리움을 만들면
실내에서 기를 수 있습니다. 관리 방법도
기본적으로는 이끼 테라리움과 같아서
손쉽게 이끼 분재에 도전할 수 있습니다.

사용한 이끼
비꼬리이끼

섬세하고 부드러운 인상을 주는 비꼬
리이끼를 분재로 키워보세요. 실내에
놓아두면 자라는 모습을 가까이에서
관찰할 수 있습니다.

밀폐형 용기

지름: 10cm
높이: 18cm

키우기 쉬움
★★★

만들기 쉬움
★★★

제작 시간
30분

▎**Point** 다양한 장식 방법

가는흰털이끼, 구슬이끼, 비꼬리이끼, 주름솔이끼,
큰흰털이끼, 큰솔이끼의 모아심기.

모아심기로도

여러 종류의 이끼로 모아심기를 할 수도 있습니다. 가는흰털이끼, 구슬이끼, 비
꼬리이끼, 너구리꼬리이끼 등 테라리움에 적합한 종류를 선택하세요. 모래이끼
등 실외에 적합한 이끼는 분재 테라리움으로 키우기에는 적합하지 않습니다.

건조를 막고
실내에서도 키우기 쉽게

이끼 분재를 테라리움으로 만들면 실내에서 관리할 수도 있고, 건조에 약한 종류의 이끼를 분재로 만들 수도 있습니다. 물주기는 테라리움과 마찬가지로 2주에 한 번 정도 분무기로 물을 주어 용토가 축축한 상태를 유지합니다.

이끼 콩분재

테라리움이라면 물주기가 어려운 콩분재도 쉽게 기를 수 있습니다. 다양한 용기와 이끼를 조합해 즐겨보세요.

사용한 이끼

윌로 모스

유리잔에 넣기만 하면 되는 윌로 모스로 만든 이끼 아쿠아 테라리움. 손쉽게 테이블을 장식할 수 있습니다.

기본 이끼 아쿠아 테라리움

병 안의 물속에 이끼를 넣어서 즐기는 아쿠아 테라리움.
투명감이 이끼를 한층 더 돋보이게 하고, 청량감 있는 분위기를 자아냅니다.
손쉽게 만들 수 있어 초보자에게도 추천합니다.

용기 크기
지름: 8cm
높이: 18cm
키우기 쉬움
★ ★ ★
만들기 쉬움
★ ★ ★
제작 시간
10분

관리 포인트

1~2주에 한 번 정도 물을 전체적으로 갈아준다. 물을 쏟아버리거나, 이끼를 용토에 심은 경우에는 스포이트로 빨아내고 새로운 물을 넣는다. 수돗물을 그대로 사용하면 된다.

▌Point
물
갈아주기

수중 이끼를 실내에서 즐기기

유리잔이나 병 안에 이끼를 넣는 것만으로 완성되는 이끼 아쿠아 테라리움. 자연환경에서 수중이나 수변에 생육하는 종류를 고르는 것이 포인트입니다. 윌로 모스, 봉황이끼, 은행이끼, 큰잎덩굴초롱이끼 등을 추천합니다. 이끼 테라리움과 관리 방법은 거의 비슷합니다.

은행이끼

자연환경에서는 늪이나 연못에 떠 있는 은행이끼. 분열하며 번식해나가는 모습도 관찰할 수 있습니다.

용기 크기
지름: 14cm
높이: 18cm

키우기 쉬움
★ ★

만들기 쉬움
★ ★ ★

제작 시간
10분

■ **Point**

다양한
장식 방법

1~2주에
한 번 정도 물을
전체적으로 갈아준다.

봉황이끼(왼쪽), 오리건 리버 모스(오른쪽)

아쿠아리움 용토를 먼저 넣어 이끼를 심고, 물을 넣은 작품. 이끼는 물속에서 키우면 가늘고 길게 웃자라는 상태가 되므로, 지상에서 키우는 것과는 다른 모양으로 변해간다.

Part
2

수중 이끼
봉황이끼
윌로 모스

육상 이끼
큰잎덩굴초롱이끼
물이끼

비오톱* 스타일
이끼 아쿠아 테라리움

이끼 아쿠아 테라리움의 변형된 형태로
수중과 수변을 만드는 비오톱 스타일의 풍경을
유리 용기에 재현했습니다.
물을 좋아하는 이끼나 식물을 심으면
보기만 해도 마음이 편안해지는
물가의 풍경을 만들 수 있습니다.

용기 크기
지름: 16cm
높이: 11cm

키우기 쉬움
★★

만들기 쉬움
★

제작 시간
120분

* 비오톱(Biotope): 특정 식물과 동물이 어우러진 생태계가 유지될 수 있는 생태 공간. 생태 서식 공간이라고도 한다.

물가의 풍경을 가까이에서 즐기자

수중과 지상의 모습을 결합한 비오톱 스타일의 작품.
이끼 이외에도 수변 식물을 더해주면 한층 더 깊이감이 느껴지는
풍성한 작품이 됩니다.

▌Supplies 재료

1 이끼류
봉황이끼, 윌로 모스, 큰잎덩굴초롱이끼, 물이끼. 자연에서도
수중에서 자라는 이끼를 사용한다.

2 이끼 이외의 식물류
우트리쿨라리아 산데르소니, 애기석창포, 두메사초. 조합하는
식물도 수변에서 자라는 종류를 선택하면 좋다.

3 용토와 돌
아쿠아리움용 용토, 비료 성분이 없는 것을 고른다. 경질 적옥
토를 대신 사용할 수도 있다. 돌은 붉은 화산석을 사용. 다공
질(12쪽)의 돌을 고르면 이끼가 착생하기 쉽다.

4 용기
깊이가 있는 유리 용기. 안정감이 있는 것이 좋다.

▌Tools 도구

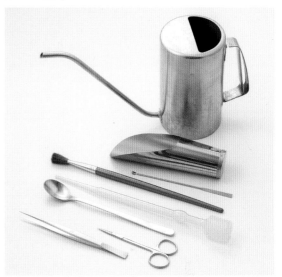

1 핀셋 / 가위 / 스포이트
(23쪽 참조)

2 물뿌리개
물을 부어 넣어줄 때 사용한다.

그 밖의 편리한 도구
- - - - - - - - - - - -

1 흙손 / 숟가락
용토나 자갈을 뜰 때 편리하다.

2 붓 / 막대
용토를 고르게 펴거나 정돈할 때 편리하다.

기본 만드는 방법

물가에서 자라는 이끼나 식물을 사용한 비오톱 스타일의 작품은 이끼 아쿠아 테라리움의 변형된 형태입니다.
수중이나 수변에 적합한 종류의 식물과 이끼를 선택합니다.
양분이 들어 있는 흙을 사용하면 조류가 번식해 유리가 지저분해지기 쉬우니 주의하세요.

**용토와
돌을
준비한다**

용기에 용토를 넣는다. 수중과 육지를
표현하기 위해 경사를 만든다.

수중과 육지가 구분되도록 돌을 배치
해나간다.

돌 사이에 용토를 채운다.

물을 부어 넣는다. 용토가 떠오르지
않도록 유리의 옆면으로 붓거나, 돌에
붓는 등 조심히 붓는다.

용기의 60~70%를 기준으로 물을 넣
는다.

**이끼와
식물을
심는다**

이끼류의 이물질을 제거하고, 핀셋으
로 집을 수 있는 크기로 나눈다. 봉황
이끼와 윌로 모스를 물속에 심는다.

식물류의 흙을 제거하고 물로 씻어 뿌
리만 남긴다. 육지 부분의 용토에 균
형을 맞추어가며 식물을 심는다.

육지 부분의 돌과 식물의 사이를 메워
주듯이 물이끼와 큰잎덩굴초롱이끼
를 심어나간다.

완성. 놓아두는 장소는 이끼 테라리움
과 같다(25쪽).

만들기 **포인트**

수중 또는 습도가 높은 환경에서 키우기 때문에 이끼나 식물 선택이 중요한 포인트가 됩니다. 기본 이끼 아쿠아 테라리움과 마찬가지로 수중 부분에는 수중에서 사용할 수 있는 이끼를 선택합니다(70쪽). 육지 부분에는 수변에서 자라는 물이끼, 큰잎덩굴초롱이끼, 곧은나무이끼, 털가시잎이끼 등을 사용합니다. 마찬가지로, 조합하는 식물도 수변에서 자라는 우트리쿨라리아 산데르소니, 애기석창포, 두메사초 등을 선택하세요.

관리 **포인트**

▎Point **물 갈아주기**

물이 줄어들 때마다 물을 채우고, 2주에 한 번 정도 물을 갈아준다. 오래된 물을 스포이트 등으로 빨아내고, 새로운 물을 넣어 물을 갈아준다.

▎Point **육지 부분에 물주기**

물에 잠기지 않는 육지 부분은 건조해지기 쉬우므로 마르지 않도록 2~3일에 한 번 정도 물을 준다.

▎Point **유리 표면 청소**

용기의 유리 표면이 조류나 물때 때문에 지저분해지면 멜라민 스펀지로 청소해주면 좋다. 물을 자주 갈아주면 조류의 발생을 줄일 수 있다.

▎Point **수온 상승에 주의**

수온이 상승하면 물러서 이끼가 썩어버리므로 주의한다. 특히 적은 물로 키울 경우에는 수온이 상승하기 쉬우므로 여름철에는 놓아두는 장소를 잘 선택해야 한다.

MOSS BONSAI　　　**MOSS AQUA TERRARIUM**

이끼 분재, 이끼 아쿠아 테라리움

귀여운 모양을 살려서 만들고 싶은 이끼 분재. 물속에서의 모습을 즐길 수 있는 이끼 아쿠아 테라리움.
만드는 방법과 관리할 때 주의해야 할 점은?

 큰 용기에서 키우기 쉽나요?
작은 용기에서 키우기 쉽나요?

 큰 용기가 빨리 마르지 않기 때문에
더 키우기 쉽습니다

이끼 분재는 큰 용기에 키우는 편이 흙이 빨리 마르지 않아서 키우기 쉽습니다. 또한, 용기의 깊이도 얕은 것보다는 깊은 것이 수분이 유지되어 키우기 쉽습니다. 처음 만들 때는 지름 8cm 정도에 깊이 6cm 정도의 용기를 추천합니다. 콩분재용 작은 화분이나 얕은 분재 화분은 흙이 빨리 마르기 때문에 물주는 횟수를 늘려야 합니다.

큰 화분이 관리하기 쉽다

 오랫동안 집을 비울 때
이끼가 마를 것 같아서 걱정이에요

 이끼만 심은 분재라면
며칠 동안 완전히 **말라도 괜찮습니다**

이끼만으로 만든 이끼 분재라면 며칠 동안 완전히 말라도 죽지는 않습니다(우산이끼 등의 태류는 건조에 약하므로 주의가 필요). 2~3일 외출한다면 외출하는 날에 물을 듬뿍 주면 그대로 두어도 괜찮습니다. 다만, 식물을 같이 심은 경우에는 마르지 않도록 대비를 해야 합니다.
이끼만 심은 이끼 분재라면 1주일 이상 외출하는 경우에는 마르지 않도록 비닐봉지나 보관 용기에 넣어 냉장고에 보관하는 것이 안전합니다. 냉장고 온도에서 이끼는 휴면 상

태가 되기 때문에 1~3주 정도라면 냉장고에 넣어둔 채로 두어도 괜찮습니다

2~3일 정도의 외출이라면 출발 전에 물을 듬뿍 주세요

물과 용기가 녹색으로 지저분해졌어요. 어떻게 하면 좋을까요?

1~2주에 한 번은 물을 갈아주세요

1~2주에 한 번 물을 갈아주면 물을 깨끗하게 유지할 수 있습니다. 물을 갈아주지 않으면 유리의 옆면이 조류 때문에 녹색으로 지저분해지기 쉽습니다. 여름에는 물을 갈아주면 수온을 내리는 효과도 있습니다. 특히 작은 유리잔에 키우는 경우는 자주 물을 갈아주는 것이 좋습니다. 미리 받아 놓

거나 석회질 제거 등은 할 필요 없이 수돗물을 그대로 사용합니다. 증발해 물이 줄었을 때는 수시로 물을 채워주세요.

자그마한 용기는
스포이트로
물을 갈아주면 수월하다

물고기나 새우를 같이 기를 수 있나요?

작은 용기에 생물을 키우면 수질을 유지하기가 매우 어렵습니다

이끼가 자라는 아쿠아 테라리움에 생물이 있는 풍경은 매력적이지만, 작은 용기에 생물을 키우면 수질을 유지하기가 매우 어려우므로 추천하지 않습니다. 물의 양도 그 생물에 맞게 필요하고, 물을 갈아주는 횟수나 방법도 생물의 종류에 따라 다릅니다.

특히 새우는 수질 변화에 민감하므로 주의가 필요합니다. 또한, 무농약 재배 이끼를 사용해야 합니다.

다른 수초와 같이 기를 수 있나요?

이끼와 공존할 수 있는 **종류를 선택**하는 것이 포인트

비슷한 환경에서 자라는 수초를 선택하면 같이 심을 수는 있습니다. 수초의 종류에 따라 필요한 빛의 강도, 온도가 다르고, 비료가 필요한 수초도 있습니다. 우선, 다른 수초와 같이 심는 것보다 이끼만으로 만드는 것이 관리하기는 쉽습니다. 아누비아스 나나, 미크로소리움 등이 이끼와 조합하

기 쉬우므로 추천합니다.

이끼와 특성이 잘 맞는 수초인 아누비아스 나나(왼쪽),
미크로소리움(오른쪽)

MOSS Column ②

이끼를 생산하는 일

손쉽게 예쁜 이끼 작품을 만들 수 있고, 자연의 이끼에 비해
벌레나 잡초 등의 걱정이 적은 재배 이끼.
이끼를 전문적으로 생산하는 일에 대해 이야기를 들어보았습니다.

고케미자와 유키 씨

세이요 이끼원 대표. '야산
을 사랑하다'를 콘셉트로 이
끼의 아름다움을 독자적인
시점으로 재안하는 이끼 농
원을 운영하고 있다. 고품질
의 이끼를 재배해 자연환경
의 부담을 줄이고, 이끼 테
라리움 애호가들이 안심하
고 즐길 수 있었으면 하는
바람으로 이끼를 생산하고
있다. 이끼 테라리움 제작이
나 관련 용품 등도 판매하고
있다.

세이요 이끼원 홈페이지
https://seiyokoke.com/

웅대한 자연 속 천혜의 환경. 산으로 둘러싸인 골짜기에 있는 이끼 재배장

■ 산에서 만난 이끼가
인생을 바꾸었다

꽃 묘목이나 정원수를 생산하는 농원이 있는
것처럼 이끼를 전문적으로 생산하는 농가도
있다.

에히메현 세이요시에서 세이요 이끼원을
운영하며 이끼를 생산하고, 이끼 테라리움
작품을 만들어 판매하는 고케미자와 유키 씨.
이끼를 생산하기 시작한 것은 약 3년 전부

터다.

고케미자와 유키 씨는 이전에는 웹마케팅
과 컨설팅 회사를 경영했는데, 웹업계의 일은
의뢰인을 돕는 업무가 중심이었다. 2019년
10월 고향으로 돌아와 재택근무를 하면서 자
신의 남은 인생을 바쳐 무언가 즐겁게 전념할
수 있는 일이 있는지 찾고 있었다.

대대로 내려오는 산이 있는데, '어릴 때 봤
을 때는 무릉도원 같은 느낌이었는데, 오랜만
에 한번 가보자'라는 생각이 들었고, '여기에

서 뭔가 할 수 있는 것이 없을까?'라고 생각하
며 걷다가 편백나무 밑동에서 아름다운 빛을
발산하는 초록빛 군락을 발견했다. 가는흰털
이끼의 커다란 군락이었다고 한다. 정보를 찾
아본 결과 이끼를 생산하는 이끼 농가나 취미
로 이끼 테라리움을 즐기는 사람들이 있다는
것을 알게 되었고, '이거야!'라는 생각이 들어
이끼 농가가 되기로 결심했다. 곧바로 산에서
이끼 생산을 시작했고, 동시에 이끼 테라리움
을 제작하기 시작했다고 한다.

재배장 근처는 자연의 이끼가 자라는 환경. 주위에는 천연 털깃털이끼가 자라고 있다

육묘 트레이에서 재배하고 있는 모래이끼. 밑에는 검은색 비닐 시트를 깔아 잡초나 흙탕물이 튀는 것을 예방한다

이끼의 종류에 따라 생육에 알맞은 광량이 되도록 햇빛 차단망으로 조절해주고 있다

▌재배 기술을 전문 단체에서 공부

'그때까지는 사무실의 관엽식물도 말려 죽일 정도로 식물에 관심이 없었다'는 고케미자와 씨. 처음에는 '이끼 재배는 좀 어렵지 않을까?' 하는 생각도 들었지만, 공부를 해나가면서 이끼는 말라 죽은 것 같아도 다시 살아난다는 것을 체험했다. 초록 식물의 아름다움과 강인한 생명력, 깊은 매력을 알게 되며 '평생을 해도 싫증나지 않고 즐겁게 할 수 있을 거 같다'는 생각이 들었다고 한다.

고케미자와 씨는 사업성이 있는지 깊이 생각해보지도 않고 대략적인 계산으로 시작했는데, 실제로는 생각보다 어렵고 계획대로 되지 않는 일도 경험했다. 참고 사례가 없는지 찾아본 결과 고향인 세이요뿐 아니라 에히메현 내에도 이끼 생산 농가가 없었고, 독학으로 산에서 자란 이끼를 재배해보기도 했지만 좀처럼 성과가 나오지 않는 상황이었다.

그래서 이끼 재배 기술을 가르쳐주는 일본이끼기술협회의 문을 두드렸고, 협회에 가입해 본격적인 공부를 시작했다. 배운 것을 토대로 시행착오를 반복한 끝에 드디어 재배 요령을 터득하게 된 고케미자와 씨. '토지에 따라 이끼가 잘 자라는 환경이 다르고, 장소에 순응하는 재배 방법을 연구해 임기응변으로 방법을 바꾸지 않으면 잘 자라지 않는다'는 것을 알게 되었다. 독자적인 생산 기술을 연구해 현재와 같이 아름답고 특징이 돋보이는 이끼를 생산할 수 있게 되었다고 한다.

▌테라리움용을 중심으로 재배

세이요 이끼원은 지금까지 이끼 농가 사이에서 생산하기 어렵다고 여겼던 나무이끼, 큰꽃송이이끼를 중심으로 너구리꼬리이끼, 구슬이끼, 가는흰털이끼, 아기들덩굴초롱이끼,

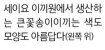

세이요 이끼원에서 생산하는 큰꽃송이이끼는 색도 모양도 아름답다(왼쪽 위)

투명감 있는 초록빛에 작은 잎 같은 모양이 매력적인 아기들덩굴초롱이끼(오른쪽 위)

이끼 중에서도 대형으로 인기가 있는 나무이끼(왼쪽 아래)

화사한 황록색에 별사탕 같은 모양의 가는잎물이끼 (오른쪽 아래)

연 군락이 있는데, '마치 작은 불꽃이 반짝반짝 빛나는 듯한 모양을 아주 좋아한다'고 말했다.

고케미자와 씨가 생산하는 이끼는 온라인 쇼핑몰에서 구입할 수 있으며, 워크숍용 주문도 받고 있다. 자신 있는 Web 마케팅 실력을 살려 유튜브, 트위터, 인스타그램에서 홍보하며 판매하고 있다.

고케미자와 씨가 자택에 만든 이끼 정원. 디딤돌과 침목이 돋보이고, 모래이끼, 솔이끼, 아기붓이끼 등이 아름답게 펼쳐진다

최대한 자연에서 채취하지 않고 재배한다

고케미자와 씨는 이끼 재배 장소가 있는 산골짜기에는 다양한 이끼가 자생하지만, 자연환경에 부담을 주지 않기 위해 최대한 자연의 이끼를 채취하지 않고 재배한 이끼를 판매한다.

"재배한 이끼는 벌레나 곰팡이가 생길 위험이 적기 때문에 안심하고 테라리움을 만들 수 있어요. 자연의 이끼를 채취하면 귀중한 자원이 금세 없어져버립니다. 지금 있는 이끼를 씨앗으로 삼아 증식시켜 나가는 것이 야산을 지키는 일이지요"라고 말한다. 자연에서 채취한 이끼는 환경이 바뀌면 좀처럼 적응하지 못하거나 잘 자라지 않는 경우도 많지만, 재배한 이끼는 심은 후에 적응이 빠른 것도 큰 장점이다.

고케미자와 씨는 자택에 이끼가 깔린 정원을 만들고, 장래에는 정원용 이끼 생산에 주력하기 위해 정원이나 공원에 적합한 이끼로 늦은서리이끼, 털깃털이끼 등도 재배하고 있다. 앞으로는 출하량을 늘려가고 싶다고 한다.

물이끼 등의 이끼 테라리움에 적합한 이끼를 주로 생산하는 것이 특징이다.

세이요 이끼원의 테라리움용 이끼는 심은 후에도 곰팡이가 잘 생기지 않도록 처리되어 있다. 또한, 최대한 벌레가 섞여 들어가지 않도록 세심한 주의를 기울여 포장한다.

이끼 재배의 어려움과 즐거움

나무이끼는 트레이에 이끼를 뿌리고 출하할 때까지 빠르면 약 1년, 평균적으로는 약 2년이 걸린다. 생육이 느린 가는흰털이끼는 출하할 수 있는 크기로 자라려면 약 3년이 걸린다고 한다. 10개의 트레이에 이끼를 뿌려도 출하가 가능한 상태까지 자라는 것은 5개 정도. "모든 것이 생각처럼 잘되지는 않지만, 내가 좋아하는 일이니까 즐겁게 할 수 있어요. 예쁜 이끼는 보기만 해도 힘이 납니다. 생산이 잘되면 '이거면 됐어!'라고 생각하고, 생산이 잘 안되면 그 또한 즐길 수 있어요. 힘들어도 보람을 느끼는 일입니다"라고 말하는 고케미자와 씨. 제일 좋아하는 이끼는 나무이끼와 큰꽃송이이끼이며 역동적이며 존재감 있고 유일무이한 모양을 좋아한다고 한다. 또한, 아기붓이끼는 관리하는 산속에 천

디딤돌 주변에 자라는 벨벳 같은 이끼 양탄자. 모래이끼와 솔이끼 등이 조화를 이루고 있다

이끼 정원에 물을 주고 있는 고케미자와 씨. 이끼 정원에는 건조한 환경에 강한 이끼를 선택하고 날마다 정성껏 물을 준다

이끼밭에서 고케미자와 씨(오른쪽)의 이야기를 듣는다

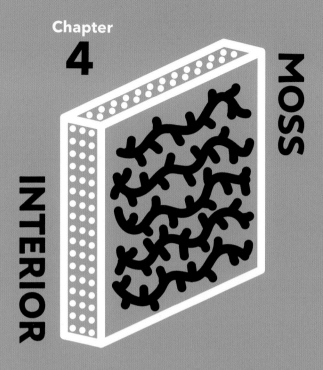

Chapter 4

INTERIOR

MOSS

이끼 인테리어

응용편

이끼 인테리어는 테라리움 벽면에 이끼를 심는 이끼벽이나 이끼를 심어
글자를 표현하는 모스 그라피티 등 아이디어에 따라 다양하게 응용할 수 있습니다.
역동적인 자연 풍경을 재현할 수 있는 작품에도 도전해보세요.

VARIATION &

MOSS WALL

Part
1

이끼벽 **테라리움**

테라리움 용기의 안쪽에 이끼를 심으면
마치 자연의 이끼벽 같은 역동적인 작품이
탄생합니다.
다양한 분위기의 풍경을 만들 수 있고,
이끼의 성장과 함께 인상이 달라지는 것도
매력적입니다.

개방형 용기

가로: 20cm
세로: 10cm
높이: 20cm

키우기 쉬움
★★

만들기 쉬움
★

제작 시간
150분

자연의 벽 같은 박진감이 매력

이끼는 저마다 색과 모양이 다를 뿐 아니라 자라는 형태에도 제
각기 특징이 있습니다. 이끼벽 테라리움에서는 용기의 뒷면과
옆면을 활용해 자연의 이끼에 가까운 모습을 재현할 수 있어 박
진감 넘치는 작품이 됩니다.

▌Supplies 재료

1 이끼

넓은잎너구리꼬리이끼, 봉황이끼, 덩굴초롱이끼, 꽃송이이끼, 윤이끼, 깃털이끼,
아기들덩굴초롱이끼, 큰잎덩굴초롱이끼, 구슬이끼.

2 이끼 이외의 식물류

아디안툼 등 소형 양치식물.

3 용토

적옥토에 부사사와 왕겨숯(훈탄)을 각각 10%씩 배합한 흙이 이끼에게 가장 좋
다. 흙은 재사용하지 말고 새 흙을 사용한다.

4 용기

유리 소재의 테라리움 용기. 수직 유리 수조를 이용한다. 높이가 있는 용기를 사
용하면 디자인하기 수월하다.

5 돌과 모래

여기서는 화산석을 사용. 화산석 등 다공질의 돌을 사용하면 자라는 이끼가 착
생하기 쉽다.

6 천

식물 착생용으로 개발된 전용 마이크로 파이버 클로스 '활착군*'을 사용.

7 방수 강력 양면테이프

천을 수조에 고정할 때 사용.

8 순간접착제

돌이나 피규어를 벽면에 접착시킬 때 사용.

▌Tools 도구

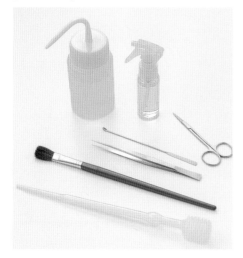

1 물조리개 / 분무기

용토를 전체적으로 적셔줄 때 사용한다.

2 붓 / 스포이트

용토를 고르게 펴거나 여분의 물을 빨아낼 때 편리하다.

3 핀셋 / 가위 / 막대

이끼를 심거나 잘라서 다듬을 때 사용한다.

---

* 활착군(活着君): 일본 피쿠타사의 제품으로 식물이 활착할 수 있게 만들어진 특수 천.

기본 만드는 방법

옆으로 기는 형태의 이끼를 메인으로 사용하고, 자라면서 벽 전체가 이끼로 덮이도록 만들면 하나의 벽처럼 완성됩니다.
포인트로 키가 큰 이끼나 양치식물을 사용해 작품에 강약을 조절해주세요.

벽 부분을 준비한다

식물 육성용 천인 마이크로 파이버 클로스를 이끼를 심을 테라리움 옆면과 뒷면(이번에는 2면)의 크기에 맞추어 자른다.

내수성 양면테이프를 사용해 자른 천을 붙인다.

벽면의 천에 돌을 붙일 경우에는 순간접착제로 붙인다.

이끼와 식물을 심는다

바닥 면에 테라리움용 용토를 넣고, 돌이나 모래로 배치를 해나간다.

천을 분무기로 충분히 적셔준다. 기본 이끼 테라리움(24쪽)과 마찬가지로 이끼의 이물질 등을 제거해 깨끗하게 준비해둔다.

핀셋으로 천의 섬유에 이끼를 묻어주듯이 심는다. 균형감 있게 전체적으로 심어나간다. 식재가 끝나면 전체적으로 분무기로 물을 뿌려준다.

피규어를 사용할 때

핀셋으로 피규어를 집고, 붙이고 싶은 부분에 순간접착제를 바른다. 이끼에 접착제가 묻으면 말라 죽을 수 있으므로 주의한다.

천에 붙이고 싶은 부분에 붙여 고정한다. 마찬가지로 벽면에 붙인 돌에 붙일 수도 있다. 물은 접착제가 마른 후에 준다.

바닥 면을 먼저 심고, 다음에 벽면을 심는다. 아래쪽부터 순서대로 심어나가면 디자인하기가 수월하다

만들기 포인트

여러 종류의 이끼가 섞이도록 배치해 자연을 느낄 수 있도록 이끼벽을 디자인해보세요.

 옆으로 기는 형태의 이끼를 메인으로

덩굴초롱이끼, 깃털이끼, 큰잎덩굴초롱이끼 등 옆으로 기면서 자라는 형태의 이끼를 메인으로 사용하면 벽 전체를 뒤덮을 정도로 성장하므로 이끼벽의 모습이 갖추어진다.

 봉긋한 형태를 사이사이에

메인 이끼 사이사이에 구슬이끼, 가는흰털이끼 등 봉긋하게 자라는 형태의 이끼를 심으면 입체감이 생겨 한층 더 사실적으로 느껴진다.

 **키가 크게 자라는 형태로 강조를**

너구리꼬리이끼, 봉황이끼 등 키가 크게 자라는 형태의 이끼를 몇 군데에 심으면 풍경의 강조점이 된다.

양치식물로 야성미를 더해

소형 양치식물이나 착생 난 등 이끼와 잘 맞는 다른 식물을 심을 수도 있다. 자연의 풍경을 재현한 광경이 펼쳐진다.

▌Point 응용

이끼벽에 돌계단과 매다는 형태의 이끼볼을 조합한 작품. 돌계단은 식물 착생용 천을 붙이고, 용토를 넣은 다음에 순간접착제로 겹쳐서 붙여나간다. 뚜껑에 매단 이끼볼은 가끔 물에 담가주어 건조해지는 것을 막는다.

등산가 피규어를 조합해 암벽을 오르는 풍경을 담았다. 역동성 넘치는 디자인 속에서 스토리를 느낄 수 있는 작품.

▌Point 관리 포인트

이끼벽의 윗부분은 마르기 쉬우므로 윗부분의 천이 수분을 충분히 흡수할 수 있도록 물을 준다. 특히 제작 초기에는 마르지 않도록 주의한다. 천에 이끼의 헛뿌리가 내릴 때까지 한 달 정도 걸린다. 그때까지는 이끼가 떨어지기 쉬우므로 움직이지 않도록 주의한다.

이끼벽 테라리움은 구조상 옆쪽에서 빛이 들어오기 어려우므로 LED 조명을 사용해 광량을 보충해주면 좋다.

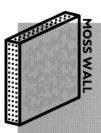

MOSS WALL

Part 2

모스 그라피티

이끼를 심어서 글자를 표현할 수 있습니다.
기념 작품이나 선물로도 제격입니다.
완성한 후 어느 정도 시간이 지나면 이끼가 촘촘하게 자라서 더욱 예뻐집니다.

개방형 용기

가로: 20cm
세로: 10cm
높이: 20cm

키우기 쉬움
★★

만들기 쉬움

제작 시간
150분

사용한 이끼
**구슬이끼,
가는흰털이끼,
봉황이끼**

만들기 **포인트**

이끼의 끝부분만 사용해 조금씩 심어가며 만드는 모스 그라피티. 이끼가 자라면 옆으로 퍼져서 글자의 형태가 흐트러지므로 천천히 자라는 구슬이끼, 가는흰털이끼, 작은흰털이끼 등을 사용하면 좋습니다.

플로럴폼을 테라리움 용기 뒷면의 크기에 맞추어 자른다. 글자를 넣을 위치를 정하고 시트지 등으로 마스킹 처리한 다음 그 이외의 부분에 아크릴 수지 계열의 코킹재를 바른다.

모래나 자갈을 코킹재에 골고루 뿌려 붙여준다. 굳으면 시트지를 조심히 떼어 제거한다.

이끼의 끝부분만 사용하고, 핀셋이나 막대 등으로 글자 부분에 심어나간다. 용기의 뒷면에 플로럴폼을 접착제로 붙인다. 테라리움 바닥에 용토를 넣고, 돌이나 이끼 등을 배치하면 완성.

▌Point **관리 포인트**

물은 기본적으로 1주일에 한 번 정도 분무기로 뿌려준다. 3주에 한 번 정도 물조리개를 사용해 플로럴폼의 위쪽에 직접 물을 뿌려 흡수시킨다. 성장해 글자의 형태가 흐트러진 경우에는 다시 만든다.

▌Point **응용**

용기 바닥에 밝은색 타일을 깔아 재미있는 분위기를 연출했다. 글자에 사용한 것은 프리저브드 모래이끼. 프리저브드를 사용하면 자라지는 않지만, 형태가 흐트러질 걱정은 없다.

돌에 착생

'착생'이란 나무나 바위 등에
자생하는 식물을 인위적으로
나무나 바위에 붙여서 키우는
방법입니다. 시간은 많이 걸리지만,
자라는 모습이나 이끼가 끼는 풍경 등
자연환경에 가까운 모습을
볼 수 있는 것이 매력입니다.

사용한 이끼
비꼬리이끼

작품 크기
지름: 6cm
높이: 4cm

키우기 쉬움
★★

만들기 쉬움
★★

제작 시간
30분

착생
완료까지
4~6개월

만들기 포인트

비교적 성장이 빠른 넓은잎너구리꼬리이끼를 돌에 착생시킵니다.
튼튼하고 키우기 쉬워 초보자에게 추천합니다.
새순이 나오는 모습도 즐길 수 있습니다. 화산석이나 경석 등 다공질(12쪽) 돌은
이끼의 헛뿌리가 잘 엉겨 붙어서 착생시키기가 수월합니다.

이끼를 청결하게 하고(24쪽), 덩어리 상태의
이끼를 한 촉씩 분리한다.

이끼의 끝부분에서 3cm 정도의 위치를 가위
로 잘라낸다. 성장점인 끝부분을 잘라주면 새
순이 돋는 것을 촉진하는 효과가 있다.

자른 이끼를 고무 밴드 등으로 돌에 고정한
다. 되도록 겹치지 않도록 밀착시킨다(위쪽 사
진). 약 2개월이면 새순이 나오기 시작한다(아
래쪽 사진). 이끼의 헛뿌리가 돌에 단단히 엉
겨 붙으면 고무 밴드를 잘라 제거한다.

테라리움 용기의 바닥에 자갈이나 모래를 깔고, 그 위에 착생시킨 이끼 돌을 놓는다. 바로 용기에 넣으면 촉촉한 환경을 유지하기 어렵다. 1주일에 한 번 정도 분무기로 물을 뿌려준다.

평소의 물주기 이외에 한 달에 한 번 정도 물에 5분 정도 담가주어 돌 내부까지 물을 흡수시킨다. 착생하지 못한 이끼나 이물질도 깨끗이 제거된다.

작은 잎이 공작의 날개처럼 펼쳐지는 공작이끼. 돌 옆면에 착생시키면 부채꼴 잎이 조금씩 늘어가는 자연에 가까운 모습을 즐길 수 있다.

사용한 이끼
봉황이끼

작품 크기
지름: 5cm
높이: 4cm

키우기 쉬움
★★

만들기 쉬움
★★

제작 시간
30분

착생
완료까지
4~6개월

물이 흐르는
아쿠아 테라리움

아쿠아리움용 도구를 이용해
유리 용기 안에 물길을 만듭니다.
물과 특성이 잘 맞는 이끼나 식물과 조합하면
생동감 있고 청량감 넘치는 풍경이 탄생합니다.

사용한 이끼

너구리꼬리이끼, 봉황이끼,
큰잎덩굴초롱이끼, 덩굴초롱이끼,
작은흰털이끼, 구슬이끼, 깃털이끼,
공작이끼, 털가시잎이끼 등

개방형 용기

가로: 15cm
세로: 15cm
높이: 25cm

키우기 쉬움

만들기 쉬움

제작 시간
180분

이끼 풍경에 졸졸 흐르는 시냇물을

이끼가 한층 더 싱그러워 보이는 아쿠아 테라리움. 물이 직접 닿는 곳에는 큰잎덩굴초롱이끼, 봉황이끼, 덩굴초롱이끼, 윌로 모스 등 물에 강한 종류의 이끼를 고르는 것이 포인트입니다.

만들기 포인트

아쿠아리움용 순환 필터나 수중 펌프를 이용한다. 순환 필터의 크기에 맞추어 식물 육성용 천인 마이크로 파이버 클로스를 자른다.

순환 필터에 자른 천을 순간접착제로 붙인다. 완전히 마르면 이끼벽이 있는 테라리움(82쪽)과 마찬가지로 이끼를 심어 완성해나간다.

돌을 순환 필터에 붙일 경우에는 이끼를 심기 전에 순간접착제로 붙인다. 돌을 사용하면 사실적인 풍경을 연출할 수 있다.

▌Point 관리 포인트

물주기는 기본적으로 1주일에 한 번 정도 분무기를 이용해 전체적으로 뿌려준다. 물이 줄어들면 보충해주고, 한 달에 한 번 정도 스포이트를 사용해 물을 모두 빼내어 교체해준다.

▌Point 응용

이끼벽과 착생 기법을 조합해 한층 더 역동적인 분위기를 연출할 수 있다. 나무이끼, 쥐꼬리이끼, 꽃송이이끼, 양치식물 등을 사용한다.

이끼를 연구하는 일

이끼란 어떤 것인지를 다양한 관점에서 연구하고
그 성과를 많은 이들에게 전하고 있는 우자와 씨.
실제로 어떤 활동을 하고 있는지
이야기를 들어보았습니다.

우자와 마호코 씨

뮤지엄 파크 이바라키현 자연박물관의 교육과 식물연구실 학예원. 이끼 식물의 형태, 발생학 전문이다. 2006년 오차노미즈여자대학교를 졸업하고, 2008년 도쿄대학교 대학원 석사 학위를 취득했다. 2010년부터 현재 직장에서 일하고 있다. 2013년 기획전 '이끼 티슈 이끼 월드! - 마이크로 숲에 매료되어'는 3개월 동안 15만 명의 관람객이 방문했다. 2021년에 개최한 '이끼 티슈 어깨 뉴 월드! -지구를 감싸는 마이크로의 숲 '은 코로나 사태로 입장 제한을 하면서도 11만 6,000명이 방문해 화제가 되었다.

뮤지엄 파크 이바라키현
자연박물관 홈페이지
https://www.nat.museum.
ibk.ed.jp/

기획전에서는 이끼의 색과 모양을 보기 쉽게 만든 스케일 있는 전시 방법도 호평을 받았다

하굣길, 우산이끼에 한눈에 반해

초등학교 교사였던 할머니의 영향으로 생물체를 좋아하는 아이였던 우자와 씨. 학교에서는 특히 이과 수업을 좋아했다고 한다.

우자와 씨는 고등학교 2학년 때 하굣길에 우산이끼의 거대한 군락을 발견하고, 포자낭이 있는 암그루의 우산(자기탁)을 보고 시선을 떼지 못했다. 때마침 생물 수업에서 이끼에 대해 배웠던 터라 "우와, 우산이끼 처음 봤어!"라며 감동했다. 생각보다 정교한 구조와 재미있게 생긴 모양에 감격해 우산이끼에 푹 빠져버렸다. '지금까지 만난 생물체 중에 제

일 재미있다!'는 생각이 들었고, 새로운 세상을 발견한 듯한 기분으로 관찰했다. 그날 이후 이끼가 궁금해졌고, 매일같이 이끼에 대해 알아보고 다녔다.

길가에 다양한 이끼가 있다는 것을 알게 되고, 도서관에 가서 정보를 찾아보면서 이끼의 세계에 깊이 빠져들게 되었다고 한다.

우자와 씨는 대학교에서 생물학과를 전공했다. 막연하게 '생물 연구가가 되고 싶다'는 생각은 있었지만, 이끼는 취미일 뿐 직업이 되리라고는 생각하지 못했다. 다만, 졸업 논문의 주제를 정할 때 '좋아하는 것을 주제로 하는 것이 재미있을 것 같다'고 생각한 것이 이끼 연구에 발을 들이게 된 계기가 되었다.

우자와 씨는 여러 연구실을 찾아다니며 어떻게 하면 이끼를 연구할 수 있는지 알아보고 다녔고, 미시적인 것이 아닌 이끼 그 자체를 연구하기 위해 이끼의 구조나 형태를 연구하는 형태학이라는 분야를 선택했다. 다니던 대학교에 이끼 전문 교수가 없어서 국립과학박물관의 히구치 마사노부 선생님을 소개받아 졸업 논문의 조언을 구하던 중 선생님께 대학원 진학을 권유받았다. 그 후 본격적으로 이끼 연구를 시작했다. 수정 후 새끼 이끼가 어떻게 성장해가는지, 이끼 조직을 얇게 잘라 2주 간격으로 상태를 관찰하기도 했다. 우자와 씨는 '어떻게 해서든 이끼와 관련된 일을 하고 싶다'는 생각과 동시에 연

구뿐 아니라 그 매력을 전하는 일에 큰 보람을 느끼고 있었는데, 양쪽 모두 가능한 직종으로 학예원이라는 직업을 알게 되었다. 우자와 씨는 학예원 국가자격을 취득하고, 직원을 모집하는 박물관을 찾아서 지원해보기로 했다.

학예원으로 취직

"저는 정말 운이 좋아요. 첫 직장부터 평소에 가고 싶었던 직종에 취직할 수 있었으니까요"라고 말하는 우자와 씨. 우자와 씨는 현재의 직장에 취직하기 위해 대학원을 중퇴했다. 학예원 일은 결원이 잘 생기지 않아서 학위를 딸 때까지 기다리면 가고 싶은 부서의 모집은 끝나버리는 상황. 채용된 사람은 기본적으로 정년까지 근무하기 때문에 전임자가 퇴직한 시점에만 모집을 하는 것이 현실이다. 우자와 씨는 "간토 지방에서, 그것도 비교적 다니기 편한 곳에서, 내 전공에 가까운 학예원을 모집하는 기회는 좀처럼 없잖아요. 대학원을 중퇴해서라도 여기에 취직하고 싶었어요. 타이밍이 중요한 것 같아요"라고 말한다.

이끼를 연구하는 직업을 가지려면 대학

원에서 전문적으로 연구하는 것이 중요하다고 한다. 연구를 할 수 있는 일은 박물관의 학예원 이외에는 대학의 연구직, 공립이나 사립 연구소의 연구원 등의 선택지가 있다고 한다.

우자와 씨는 "이끼 연구가는 취직할 수 있는 곳이 적어서 벽에 부딪힐 수도 있어요. 원하는 직장에 취직하지 못할까 봐 걱정되고, 연구를 계속할 수 있을지도 고민되고, 저도 불안해한 적이 있었어요. 그래도 이끼를 좋아한다면 조금씩 다른 일을 하면서라도 포기하지 말고 계속하다보면 언젠가는 길이 열릴지도 몰라요. 하고 싶은 마음이 있다면 꼭 계속해나갔으면 해요"라고 말한다.

현지 조사 중심으로 활동

우자와 씨는 "취직한 지 14년째인데, 현재 연구 주제는 이끼의 자웅성, 전문적으로 말하면 이끼의 번식생태학이에요. 한 종류의 이끼의 수그루와 암그루의 전국적인 분포와 수정이 어떻게 이루어지는지와 같은 조사를 중심으로 연구하고 있어요. 종에 따라서는 한 지역에 수그루밖에 없는 경우도 있어요. 좀처럼 수정이 이루어지지 않는 종류에 관심을

가지고 전국적으로 조사를 해보니 드물지만 수정이 일어나는 것을 알게 되었고, 그러한 현지 조사가 연구의 중심이 되었어요."

"여러 곳을 다니며 이끼를 채취하고, 가지고 돌아와 현미경으로 보며 수그루인지 암그루인지를 구별하기 위해 해부하거나 수정이 일어나고 있는지를 조사하기도 해요. 현지 조사는 평지에 있는 습지에 가는 경우가 많지만, GPS에 의지해 깊은 산속의 등산로도 없는 곳에 덤불 사이를 헤치고 찾으러 다니기도 해요"라고 한다. 현지 조사를 하는 시기가 있는데, 수정 시기에는 거의 매주 나가서 이끼의 사이클에 맞추어 조사를 한다고 한다.

연구, 자료 수집과 보관, 교육이 업무

우자와 씨는 이바라키현 박물관 학예원으로서 현 내에 어떤 이끼가 있는지 조사하고, 멸종위기종의 분포나 외래종을 조사한다. 이외에도 큐레이터로서 자료를 수집·보관하거나, 자료의 대출이나 전시를 하는 것도 중요한 업무다. 표본을 정리해 수장고에 보관하고, 그것을 해충 등으로부터 지키고 관리하며,

우자와 씨와 인터뷰를 한 뮤지엄 파크 이바라키현 자연박물관 실습실

우자와 씨가 애용하는 스위스산 핀셋. 끝이 가늘고 뾰족하지 않으면 작은 이끼의 줄기나 잎을 집을 수가 없다. 양손에 잡고 작업하기 때문에 2개가 필요하다.

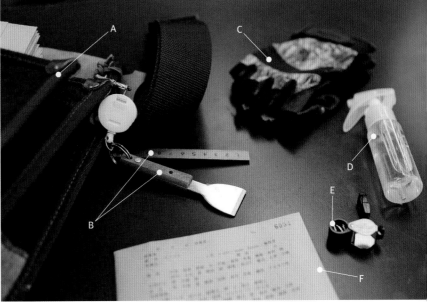

연구용 야외 관찰 필수품, 채취용 가방과 도구
A: 채취용 가방 B: 일본식 부침개 요리인 몬자야키 주걱(채취할 때 사용) C: 손가락 끝이 나오는 장갑
D: 분무기 E: 14배 보석 감정용 루페 F: 데이터를 인쇄한 채취 봉지

2021년~ 개최 '이끼 티슈 이끼 뉴 월드! -지구를 감싸는 마이크로의 숲-'의 팸플릿. 어린이부터 어른까지 재미있게 읽을 만한 요소가 가득하다(오른쪽 위)

기획전에 전시된 우산이끼의 입체 모형. 우산 같이 생긴 개성적인 모양이 방문객의 마음을 사로잡았다(왼쪽 위)

우자와 씨가 주임을 맡았던 기획전에서는 프로젝터 등을 사용해 다각적으로 이끼의 발생을 설명했다(아래)

요청이 있으면 다른 박물관 등에 대출하기도 한다.

초등학생부터 대학생까지 이끼를 연구하기 위해 박물관에 다니는 학생들이 있는데, 미래의 연구가를 육성하는 일환으로 함께 조사와 연구도 하고 있다.

또한, 한 달에 한두 번 정도 여러 장소에서 이끼 관찰 모임과 강좌를 하고 있다. 현미경을 사용한 관찰 모임이나 우자와 씨가 자신의 연구에 관한 이야기를 하는 경우도 있다.

이끼를 주제로 한 기획전이 화제가 되어

뮤지엄 파크 이바라키현 자연박물관에서는 우자와 씨가 중심이 되어 지금까지 이끼 기획전을 2회 개최했다. 1회는 2013년 '이끼 티슈 이끼 월드! -마이크로 숲에 매료되어-'로 약 3개월 동안 15만 명이 관람. 일본 홋카이도에서 큐슈까지 전국에서 사람들이 모여들 정도로 성황을 이루었고, 여러 매체에서 보도되면서 큰 화제가 되었다.

2회는 코로나 사태 속에서 2021년부터 시작된 '이끼 티슈 이끼 뉴 월드! -지구를 감싸는 마이크로 숲-'으로, 입장을 제한하면서 개최했음에도 불구하고 약 11만 6,000명이 관람했다. 약 400m²의 전시회장은 다른 이끼 전시와는 차원이 다른 면적이며, '이끼 월'이라고 하는 높이 3m의 벽면에 살아 있는 이끼를 붙여 싱그러운 이끼의 압도적인 모습을 소개하고, 이끼 테라리움 작가의 작품을 다수 전시하는 등 이끼의 매력을 응축시킨 전시였다. 준비에는 약 4년이 소요되었고, 영상을 사용한 전시도 큰 반향을 불러일으켰다. 수정과 발생을 담은 영상인 '이끼의 일생'을 영상 전문가와 함께 역동감 넘치는 8K 규격으로 현미경 촬영도 더해가면서 만들었다고 한다(영상 작품은 제64회 과학기술영상제에서 부문 우수상을 수상).

우자와 씨는 "'재미있다'는 말을 듣는 것이 연구의 가장 큰 원동력이에요. 이끼의 매력이나 연구한 내용을 알려줄 때 놀라거나 미소 짓는 반응에 보람을 느껴요"라고 말한다.

이끼의 매력을 전하는 활동에 힘쓰는 반면, 남획에 따른 멸종위기종이 늘고 있는 것이 걱정이라고 한다. 우자와 씨는 "이끼를 좋아하다 보니 무심코 채취하고 싶은 마음이 드는 것도 이해하지만, 그 마음을 꾹 참고 자연 그대로를 즐겨주었으면 합니다." "이끼의 생태를 알면 알수록 야생에서 채취한 이끼를 그대로 유지하기는 매우 어렵다는 것을 알게 되지요. 이끼를 즐기려면 재배된 이끼를 구입하는 것, 야생의 이끼를 마구 채취하지 말고 소중히 다루기 위해 노력했으면 하는 바람입니다"라고 말한다.

참고 문헌

『知りたい会いたい 特徴がよくわかるコケ図鑑(알고 싶고 만나고 싶은 특징을 잘 알 수 있는 이끼 도감)』
(藤井久子著・秋山弘之監修／家の光協会)
『あなたのあしもとコケの森(당신의 발밑 이끼의 숲)』(鵜沢美穂子/文一総合出版)

처음 시작하는 이끼 인테리어

발행일 2024년 5월 20일 초판 1쇄 발행
지은이 이시코 히데사쿠
옮긴이 방현희
발행인 강학경
발행처 시그마북스
마케팅 정제용
에디터 최윤정, 최연정, 양수진
디자인 강경희, 김문배

등록번호 제10-965호
주소 서울특별시 영등포구 양평로 22길 21 선유도코오롱디지털타워 A402호
전자우편 sigmabooks@spress.co.kr
홈페이지 http://www.sigmabooks.co.kr
전화 (02) 2062-5288~9
팩시밀리 (02) 323-4197
ISBN 979-11-6862-239-5 (13520)

HAJIMETE NO KOKE INTERIA KOKE TERARIUMU KARA KOKEDAMA, KOKE-BONSAI MADE
by Hidesaku Ishiko
Copyright © 2023 Hidesaku Ishiko
All rights reserved.
Originally published in Japan by IE-NO-HIKARI ASSOCIATION, Tokyo.
Korean translation rights arranged with IE-NO-HIKARI ASSOCIATION, Japan
through THE SAKAI AGENCY and ENTERS KOREA CO., LTD.

デザイン・イラスト・DTP制作　山本 陽(エムティクリエイティブ)
文・写真　石河英作
撮影　鈴木正美
撮影アシスタント　重枝龍明
コラム取材・文　澤泉美智子
取材協力　こけみざわゆうき／鵜沢美穂子
　　　　　POTS 丸山 滋
校正　ケイズオフィス

이 책의 한국어판 저작권은 ㈜엔터스코리아를 통해 저작권자와 독점 계약한 **시그마북스**에 있습니다.
저작권법에 의해 한국 내에서 보호를 받는 저작물이므로 무단 전재와 무단 복제를 금합니다.

파본은 구매하신 서점에서 교환해드립니다.

* **시그마북스**는 ㈜**시그마프레스**의 단행본 브랜드입니다.